国家林业和草原局普通高等教育"十四五"规划教材

高等院校古树保护专业方向系列教材

古树历史文化

北京农学院　组织编写

李青松　付　军　主编

中国林业出版社

‖CF‖PH‖ China Forestry Publishing House

内 容 简 介

《古树历史文化》全面介绍古树的历史文化。教材内容共 11 章，包括绪论、古树文化属性概述、古树的历史属性、古树的文学属性、古树的艺术属性、古树的社会属性、古树的地理环境属性、古树的价值属性、古树与现代城乡人居环境、古树文化价值在城乡中的保护利用，以及古树保护规划。旨在使学生掌握古树历史文化的核心内容，以及古树综合价值的保护利用方法。同时，也是了解博大精深的中国古树文化的重要窗口。

本教材可作为普通高等院校林学、风景园林、园林、生态学等专业的教材，也可供相关专业工作者参考。

图书在版编目（CIP）数据

古树历史文化/北京农学院组织编写；李青松，付军主编. —北京：中国林业出版社，2023.10
国家林业和草原局普通高等教育"十四五"规划教材 高等院校古树保护专业方向系列教材
ISBN 978-7-5219-2189-2

Ⅰ. ①古… Ⅱ. ①北…②李…③付… Ⅲ. ①树木-植物保护 Ⅳ. ①S76

中国国家版本馆 CIP 数据核字（2023）第 076523 号

策划编辑：康红梅
责任编辑：康红梅
责任校对：苏　梅
封面设计：北京点击世代文化传媒有限公司
封面摄影：付　军

出版发行：中国林业出版社
　　　　　（100009，北京市西城区刘海胡同 7 号，电话 83223120）
电子邮箱：cfphzbs@163.com
网　　址：www.forestry.gov.cn/lycb.html
印　　刷：北京中科印刷有限公司
版　　次：2023 年 10 月第 1 版
印　　次：2023 年 10 月第 1 次印刷
开　　本：787mm×1092mm　1/16
印　　张：12.25
彩　　插：0.5 印张
字　　数：325 千字
定　　价：56.00 元

高等院校古树保护专业方向系列教材
编写指导委员会

孙振元（中国林科院林业所）

王小艺（中国林业科学研究院）

杨传平（东北林业大学）

杨光耀（江西农业大学）

杨志华（北京市园林绿化局）

张齐兵（中国科学院植物研究所）

赵良平（国家林业和草原局）

《古树历史文化》编写人员

主　　编	李青松　付　军
副 主 编	施　海　吴祥艳　贾海洋

编写人员　（按姓氏拼音排序）

陈改英（北京农学院）

冯　丽（北京农学院）

付　军（北京农学院）

侯芳梅（北京农学院）

贾海洋（北京农学院）

冷　杉（《今日国土》杂志社）

李青松（国家林业和草原局）

宁莉萍（四川农业大学）

聂庆娟（河北农业大学）

施　海（北京市园林绿化局）

吴忆明（北京景观园林设计有限公司）

吴祥艳（中央美术学院）

杨　玲（北京农学院）

尹　豪（北京林业大学）

余传琴（北京景观园林设计有限公司）

朱启酒（北京农业职业学院）

主　　审　刘晶岚（北京林业大学）

方炎明（南京林业大学）

出版说明

党的二十大报告明确提出了从二〇三五年到本世纪中叶把我国建成富强民主文明和谐美丽的社会主义现代化强国。报告指出，我国的现代化是人与自然和谐共生的现代化，大自然是人类赖以生存发展的基本条件。尊重自然、顺应自然、保护自然是全面建设社会主义现代化国家的内在要求。报告强调"提升生态系统多样性、稳定性、持续性，加快实施重要生态系统保护和修复重大工程，实施生物多样性保护重大工程"。古树名木是有生命的文物，是生物多样性的重要组成，具有重要的生态、历史、文化、科学、景观和经济价值。加强古树名木保护，对于保护自然和社会发展、弘扬生态文化，推进生态文明和美丽中国建设具有十分重要意义。

目前，全国范围内关于古树的研究还处于一个探索阶段，还有很多难题需要破解。第一，在古树资源方面，全国城市和村镇附近的古树名录基本建立但古树的生境、生存状态等数据缺乏，特别是野外偏远的古树还尚未登记在册。第二，在古树基础科学研究方面，整体研究水平比较薄弱，对古树的生物学与生态学特性与形成机制不够了解，这制约了古树保护以及复壮修复技术的创新发展。第三，在古树保护技术方面，对新技术、新材料的开发和应用不够，甚至出现"保护性破坏"的现象。第四，在古树文化景观价值研究与应用方面，对古树文化的发掘和利用不够，不合理利用或过度旅游开发对古树资源造成了破坏。第五，在古树专业人才培养方面，缺乏专门古树方面的人才培养，导致古树从业人员鱼目混珠，技术人员缺乏。基于此，2020 年北京农学院在国内率先设立了林学专业(古树保护方向)，以及在林学一级学科下设立了古树专业硕士方向，并于 2021 年正式招生。我国部分高等学校和职业学校林业与园林相关院系正在推动古树保护专业建设和人才培养。因此，统筹全国各地的专业力量、系统构建古树保护的专业知识、编写出版古树保护专业教材势在必行。

由北京农学院牵头组织编写的高等院校古树保护专业方向系列教材列入了"国家林业和草原局普通高等教育'十四五'规划教材"，并成立了高等院校古树保护专业方向系列教材编写指导委员会，第一批将出版《古树导论》《古树生理生态》《古树养护与复壮》《古树历史文化》和《古树保护法规与管理》五部教材，教材内容涵盖古树资源与生物学基础、古树健康诊断与环境监测、古树养护与复壮技术、古树历史文化以及古树保护法规与管理等。教材编写执行主编负责制，邀请高校、科研院所、行业部门专家、企业一线技术人员组成编写组，经过各编写组两年多的努力，高等院校古树保护专业方向系列教材编写指导委员会的多次审定，该系列教材即将付梓。该系列教材的出版是古树保护专业方向建设和行业发展的里程碑，对推动我国古树学科与专业发展、推动我国古树保护事业必将发挥重要作用。该系列教材具有以下特点：

（1）突出科学性：系统介绍相关的知识原理与技术，内容与结构布局合理，著述严谨规范，逻辑性强，图文并茂。

（2）突出实用性：古树保护为应用学科，教材内容紧贴古树保护实践，突出技术与方法，既有理论层面知识，更有应用层面实践。

（3）突出时代性：梳理当前古树保护中的问题与需求，反映国内外古树研究与技术最新进展。

（4）适用面宽：既可作为本科与研究生教材，又可作为从业人员的培训教材与工具书。

作为全国古树保护专业方向第一套教材，我们竭尽所能追求完美。但由于时间仓促和能力所限，恐难以完美呈现，真诚希望各位读者提出宝贵意见，以便今后不断完善提高。

北京农学院
2023 年 7 月

总 序

古树名木是自然界和前人留下来的珍贵遗产，是森林资源中研究树木衰老生理科学的宝贵资源，也是探究老树复壮科学技术的重要材料；当然，古树也是有生命的"文物"，具有重要的生态、历史、文化、科学、景观和经济价值。构建古树的研究与保护教材体系，是树木生物学的重要学术方向和尚需发展的科学学术领域，其囊括古树生物学、古树生态学、树木衰老生理学、古树养护与复壮应用技术、古树保护法规及古树历史文化等。这一学术领域的开拓与建设对于加强古树名木保护、生态环境建设，弘扬生态文化，推进生态文明和美丽中国建设具有重要意义。

中华民族自古就有爱树护树的传统。党的十八大以来在习近平生态文明思想指引下，我国的生态保护与生态建设取得了举世瞩目的成就，古树名木保护工作也得到了前所未有的重视。2021 年 4 月，习近平总书记在广西桂林全州县才湾镇毛竹山村考察时，看到一株 800 多年的酸枣树郁郁葱葱，他说："我是对这些树龄很长的树，都有敬畏之心。人才活几十年？它已经几百年了。""环境破坏了，人就失去了赖以生存发展的基础。谈生态，最根本的就是要追求人与自然和谐。要牢固树立这样的发展观、生态观，这不仅符合当今世界潮流，更源于我们中华民族几千年的文化传承。"古树作为大自然对人类慷慨的恩赐，也是中华民族文明史的最真实的见证，在将生态文明建设作为中华民族永续发展的新时代，其生命会由于我们的保护得以延续，其价值会由于我们的重视得以发挥。因此，古树科学的探索和教材的编写及其相关人才的培养皆是生态文明时代的需求。

我国是世界古树名木资源最为丰富的国家之一，2022 年第二次全国古树名木资源普查结果显示，全国普查范围内的古树名木共计 508.19 万株，其中散生 122.13 万株，群状 386.06 万株。这些植物跨越人类文明的梯度、经历严寒酷暑的考验、目睹历史朝代的更替、接受自然灾害和人类干预的洗礼，不畏千磨万击、不畏风吹雨打，体现了树木生命力的顽强，也体现了树木衰老生理科学的维护能力。因此，编写古树保护专业方向系列教材，汇集古树生命科学研究成果和开创古树复壮科技人才培养，填补了我国林学和生态学古树领域的学术空白，完善了林业教学和林学学科的内涵。

随着科技进步和研究手段的创新，古树保护理论与应用技术必将不断地开拓，从关注古树形态表现向关注古树生理转变；从注重古树简单修补向关注植物衰老与复壮的基础生物学理论转变；从关注地上树体功能衰退向关注地上地下整体衰老与复壮联动机制转变；

从关注古树自身的复壮向探索古树与其周边生境的相互影响转变。总而言之，古树的保护和研究还是一个全新的领域，还有很多需要破解的科学问题。因此，即将出版的"高等院校古树保护专业方向系列教材"作为我国古树保护专业方面的首套专业教材，难免有不足之处，望予指正。

中国工程院 院士 尹伟伦

2023 年 8 月 于北京林业大学

前　言

　　古树是活着的文物，它翔实地记录了生命存在和发展演变过程中所经历的一切，为人们提供认识历史、认识自然的依据。因此，开设"古树历史文化"课程具有重要意义。

　　一般而言，树龄超过百年的树，即可称为古树。本教材所言古树是特定的人文古树，即有年头、有故事、有传奇，与重大的历史事件联系在一起的古树。从纵的方面看是历史里程碑，从横的方面看是当地坐标。

　　时间是不可逆转的，任何人都无法返回历史的现场。但是，古树不同，古树不用返回现场，古树就在现场。古树年轮里的历史是活着的历史，它自由生长着，有摇曳多姿的形态，也有长着叶子的思想——这是有血脉有筋骨的历史。年轮里有现场的气息和现场的气氛，包括人物故事、情景对话、现场细节。与古树息息相通的人，才能读懂古树，破译密码，知晓真相。

　　在古树年轮里，历史呈现出顽强的生命力和延续性。即便是局部的断裂和失忆，它也能靠自身的修复能力慢慢愈合。中华民族的基因里是否有树的基因成分呢？研究和了解中国，必须回看历史，从历史中探究人与自然的关系，人与社会的关系，人与人的关系。

　　在古树的年轮里，历史的经验、历史的教训、历史的悲剧、历史的光荣与梦想叠加在一起。古树年轮里的故事，是如此生动，如此温暖，如此令人感动。古树，有着超乎寻常的生命本能和昂扬向上的精神。古树，远比我们的想象更神奇。每一棵树都有自己的信念。信念是什么？信念就是方向，信念就是目标——它努力去接近蔚蓝的天空，哪怕雷电袭击、虫蛀病腐、灾害摧残，也永不放弃。从那些古树身上，我们似乎看到了我们伟大民族的影子。

　　编写《古树历史文化》教材，并非为了去还原历史情境，而是要找出人与自然到底是一种什么关系；人，对待生命，对待自然，对待历史，应该持一种什么态度；树木及其森林对一个民族的性格形成到底会有多大影响。

　　开设"古树历史文化"课程的目的，是培育学生建立保护古树、保护生命的立场，培养和增强尊重古树、敬畏自然的意识，树立"人与自然是生命共同体"的生态文明理念，从而在更深层次上，调整人与自然的关系，提升生态系统的质量和稳定性，为建设人与自然和谐共生的美丽中国，为实现我国碳达峰碳中和目标，维护全球生态安全作出更大贡献。

　　讲授"古树历史文化"课程旨在使学生掌握古树历史文化的核心内容，以及古树综合价值的保护利用方法。

　　本教材由北京农学院组织编写，李青松、付军主编。具体的编写工作由来自北京农学院、中央美术学院、北京林业大学、河北农业大学、四川农业大学、北京农业职业学院等多所高校教师，以及国家林业和草原局、北京市园林绿化局、北京景观园林设计有限公司等单位有关人员共同完成。具体编写分工如下：第 1 章由付军编写，第 2 章由杨玲、侯芳梅、付军编写，第 3 章由冯丽编写，第 4 章由冷杉编写，第 5 章由贾海洋编写，第 6 章由施海、朱启酒编写，第 7 章由尹豪编写，第 8 章由宁莉萍编写，第 9 章由陈改英、吴祥艳编写，第 10 章由聂庆娟编写，第 11 章由吴忆明、余传琴编写。

　　本书涉及两个非常重要的概念，即"古树"和"古树名木"，在大部分章节，使用"古树"概念，但在个别章节，由于阐述内容与我国相关法律法规、标准、规范等相关，且"古树文化"与"名木"又有着密切关联，使用"古树名木"的说法。

　　感谢在本教材编写过程中，给予我们指导和帮助的董丽、李炜民、傅凡、康红梅、刘红滨、潘立英、王春能、孙楠、朱大明等老师，感谢梁衡、任红忠、王欣、付杰、李宇、胡世勤、路伟、毛屹楠、付江波等同仁提供的珍贵图片，感谢刘丹、张贵鑫、裴志国、祁欣等同行提供的专业信息，感谢范义然、刘伊祁、白萌萌、司佳琪、韩雅男等同学对图片进行的编辑工作，感谢为本教材编写付出辛苦劳动的各位同仁！

　　《古树历史文化》教材填补该领域空白，鉴于编写时间紧，涉及古树文化内容的广博和内涵的深邃，编者对资料的学习与理解的局限性，不妥和错误之处在所难免，敬请广大读者不吝指教。

李青松

2022 年 12 月

目 录

出版说明

总　序

前　言

第1章

绪论

本章提要

本章首先介绍了古树名木、古树文化等相关概念,以及由国家林业和草原局、住房和城乡建设部下发的古树两种分级方法,同时对我国各地的古树后备资源(准古树)也做了分析概述。然后介绍了古树名木的类型划分以及我国古树标志的相关规定。最后对英国、美国、新加坡等国家和中国香港地区的古树的界定标准进行说明。

在系统学习古树历史文化的相关内容之前,首先要掌握古树以及古树文化的相关概念、分级、类型等内容,同时也要了解国外一些典型地区古树的相关概念等内容。

1.1 相关概念

1.1.1 古树名木概念

新中国成立后出台的相关古树名木相关法律和条例中,对古树名木给出了相关定义。1982 年,为了加强古树名木保护,国家城市建设总局印发了《关于加强城市和风景名胜区古树名木保护管理的意见》,指出:"古树一般指树龄在百年以上的大树;名木指树种稀有、名贵或具有历史价值和纪念意义的树木。"这是我国最早关于古树名木保护的国家法规,第一次明确了古树的树龄标准。1992 年国务院颁布了《城市绿化条例》,其中第二十五条对古树名木作出保护和管理的规定。2000 年建设部颁布了《城市古树名木保护管理办法》,进一步对古树名木保护管理作出详细规定,同时在大量调查取证、搜集资料和征求专家意见的基础上,规定树龄在 100 年以上的树木为古树,国内外稀有的以及具有历史价值和纪念意义及重要科研价值的树木为名木。同时把古树名木进行分级:凡树龄在 300 年以上,或者特别珍贵稀有,具有重要历史价值和纪念意义、重要科研价值的古树名木,为一级古树名木;其余为二级古树名木。2001 年全国绿化委员会、国家林业局在组织开展全国古树名木普查时,印发了《全国古树名木普查建档技术规定》,其中指出:古树名木是指人类历史发展过程中保存下来的年代久远或具有重要科研、历史、文化价值的树木；古树是指树龄在 100 年以上的树木；名木指在历史上或社会上有重大影响的中外历代名人、领袖人物所植或者具有极其重要的历史、文化价值、纪念意义的树木。

《中国大百科全书·农业卷》对"古树名木"词条的定义为："树龄在百年以上，在科学或文化艺术上具有一定价值、形态奇特或珍稀濒危的树木。"

根据以上相关资料和文献，我国古树名木包括古树和名木两个方面，古树是指树龄在 100 年以上的树木；名木是指树木种类稀有，或具有重要历史、文化、景观与科学价值或具有重要纪念意义的树木。

1.1.2　古树文化概念

文化，是指人类在社会历史发展过程中所创造的物质财富和精神财富的总和，特指精神财富，如文学、艺术、教育、科学等[《汉代汉语词典》(第 7 版)，2016]。文化一般具有以下几个特征。

①精神性　这是文化最基本的特征，是指文化必须是与人类的精神活动有关的，与人类精神活动无关的物质就不能称为文化，如山河湖泊、天体运行就不属于文化范畴。

②社会性　文化具有强烈的社会性，它是人与人之间按一定的规律结成社会关系的产物，是人与人在联系的过程中产生的，是在共同认识、共同生产、互相评价、互相承认中产生的。

③集合性　是指文化必须是在一定时期、一定范围内的许多人共同的精神活动、精神行为或它们的物化产品。它是由无数的个体组成的集合，任何个人都无法构成文化。

④独特性　文化是构成一个民族、一个组织或一个群体的基本因素。这些民族、组织、群体的差异性就形成了不同的文化。因此文化带有独特性，不可能有两个完全相同的文化存在于两个民族或组织和群体中。

⑤一致性　这是指在一个民族、一个组织或一个群体中，文化有着相对一致的内容，即共同的精神活动、精神性行为和共同的精神物化产品。这种一定时期一定范围内的相对一致性是构成一种文化的基础。正是有了这种一致性，各种文化才有了各自的内涵。

古树见证了历史变迁和岁月沧桑，见证了人类生产生活的方方面面，承载着历史，延续着生命，象征着品格，具有精神性、社会性、集合性、独特性、一致性等文化特征，蕴含着深厚的文化。

古树文化，是指古树给人类物质文明和精神文明带来的作用和影响，是以古树为表现对象的文化形式和文化心理的总和。大致说来，古树本身是物质文化的范畴，以古树为表现对象的文化和文化心理是精神文化的范畴。古树的文化属性是通过一定的物质形态、文化形式和文化心理表现出来的，大致包括实用、审美、象征性三个方面。从古树文化的表现形式看，古树花果叶主要体现古树的实用功能；以古树为表现对象的文化形式主要体现古树的审美功能，如诗词歌赋、绘画雕塑等；以古树为表现对象的文化心理主要体现古树的象征功能，如习俗、宗教等。

古树文化具体表现为历史性、文学性、艺术性、社会性、地理环境属性等几个方面。

1.1.3 古树名木分级

为了便于实施分层维护管理，需要将古树进行分级。通常是在进行调查、鉴定的基础上，根据古树的树龄、价值、作用和意义等进行分级，然后实行分级养护管理。古树名木的分级，在不同时期、不同部门或按不同要求而不完全一致。目前我国有两种分级方法，一种由国家林业和草原局下发，另一种由住房和城乡建设部下发。

1.1.3.1 国家林业和草原局(全国绿化委员会)分级方法

国家林业局(现国家林业和草原局)下发的《古树名木鉴定规范》(LY/T 2737—2016)，将古树分为一级、二级、三级共 3 个级别，树龄 500 年及以上的树木为一级古树，树龄在 300~499 年的树木为二级古树，树龄在 100~299 年的树木为三级古树。名木不受树龄限制，不分级。具有以下特征的树木属于名木的范畴(表 1-1)。

表 1-1 国家林业和草原局(全国绿化委员会)古树分级方法

类 型	树 龄	级 别	备 注
古 树	500 年及以上	一级古树	不包含城市规划区和风景名胜区内的古树名木
	300~499 年	二级古树	
	100~299 年	三级古树	
名 木	名木不受树龄限制，不分级。具有以下特征的树木属于名木： ①国家领袖人物亲植树木； ②外国元首或著名政治人物所植树木； ③国内外著名历史文化名人、知名科学家所植或咏题的树木； ④分布在名胜古迹、历史园林、宗教场所、名人故居等与著名历史文化名人或重大历史事件有关的树木； ⑤列入世界自然遗产或世界文化遗产保护内涵的标志性树木； ⑥树木分类中作为模式标本来源的具有重要科学价值的树木； ⑦其他具有重要历史、文化、景观和科学价值或具有重要纪念意义的树木		

该分类方法中的古树名木不包含城市规划区和风景名胜区内的古树名木。

古树级别鉴定由相应的人员和部门来完成，一、二、三级古树均由所在县级绿化委员会负责组织专家鉴定。鉴定结果，一级古树报省级绿化委员会审定；二级古树报地市级绿化委员会(直辖市由区县绿化委员会)审定；三级古树由县级绿化委员会自行审定。负责审定的省、市绿化委员会对上报的鉴定结果有疑义的，可自行组织专家鉴定。古树名木现场鉴定后须出具《古树名木现场鉴定意见书》，并附照片和电子图片。

1.1.3.2 住房和城乡建设部(原建设部)古树名市分级方法

建设部下发的《城市古树名木保护管理办法》，将古树名木分为一级和二级两个级别，凡树龄在 300 年及以上，或者特别珍贵稀有，具有重要历史价值和纪念意义，重要科研价值的古树名木，为一级古树名木；其余为二级古树名木(表 1-2)。该分类方法适用于城市规划区内和风景名胜区的古树名木。

表1-2　住房和城乡建设部古树名木分级方法

标　准	级　别	备　注
树龄在300年以上，或特别珍贵稀有，具有重要历史价值和纪念意义，重要科研价值的树木	一级古树名木	城市规划区内和风景名胜区的古树名木
树龄在100年以上，或国内外稀有的以及具有历史价值和纪念意义及重要科研价值的树木	二级古树名木	

　　一级古树名木由省、自治区、直辖市人民政府确认，报国务院建设行政主管部门备案；二级古树名木由城市人民政府确认，直辖市以外的城市报省、自治区建设行政主管部门备案。

　　国务院建设行政主管部门负责全国城市古树名木保护管理工作。省、自治区人民政府建设行政主管部门负责本行政区域内的城市古树名木保护管理工作。城市人民政府城市园林绿化行政主管部门负责本行政区域内城市古树名木保护管理工作。城市人民政府城市园林绿化行政主管部门应当对本行政区域内的古树名木进行调查、鉴定、定级、登记、编号，并建立档案，设立标识，并应当对城市古树名木，按实际情况分株制订养护、管理方案，落实养护责任单位、责任人，并进行检查指导。

1.1.3.3　其他

　　除了国家林业和草原局的分级分类方法以及住房和城乡建设部分级分类方法以外，《中国大百科全书·农业卷》对100～1000年树龄的古树划分了四个保护等级。另外，还有一些省、自治区、直辖市等相继出台一些地方条例或办法，对本地区范围内不属于国家规定古树名木范畴的古树后备资源进行相关条文规定，旨在对后备古树资源进行培育和保护。古树后备资源（或古树后续资源、准古树、古树后备树）是指树龄或径级即将达到古树标准的植株，一般树龄为80～99年。2002年，上海市出台了《上海市古树名木和古树后续资源保护条例》，首次提出了古树后续资源的概念，即树龄在80年以上100年以下的树木（图1-1、图1-2）。此后，相继各省、自治区、直辖市发布了古树后备资源的管理条例或办法（表1-3），一般将树龄大于80年（少数地区为50年）小于100年的树木，列为古树后备资源，并规定相应的保护措施。还有一些古典皇家园林，为了保持园内植物景观的稳定性、可持续性和传承古典园林历史文化，有计划地进行后备古树资源的保护和培育，比如北京天坛公园和颐和园，参考《北京市古树名木评价标准》按胸径确定古树分级的标准，对即将达到古树标准的植株作为准古树或古树后备树。以天坛公园为例：规定比同类型二级古树胸径小5cm的树木，认定为"准古树"。比如侧柏，按照《北京市古树名木评价标准》，胸径≥60cm属于一级古树，30cm≤胸径<60cm属于二级古树，公园将胸径25cm≤胸径<30cm的树木认定为准古树；再比如油松，胸径≥70cm属于一级古树，40cm≤胸径<70cm属于二级古树，35cm≤胸径<40cm的树木认定为准古树（图1-3）；北京颐和园根据园内现有古树种类，对径级即将达到古树标准的植株作为古树后备树。

表 1-3　我国古树后备资源相关文件及出台时间（截至 2022 年）

文件名称	认定标准	省（自治区、直辖市）	时间	备注
《上海市古树名木和古树后续资源保护条例》	树龄 80~100 年	上海市	2002 年	
《安徽省古树名木保护条例》	树龄接近 100 年	安徽省	2009 年 12 月 16 日通过，2010 年 3 月 12 日起施行	参照三级古树的保护措施实行保护
《湖北省古树名木保护管理办法》	树龄在 80 年以上	湖北省	2010 年 5 月 17 日通过，2010 年 8 月 1 日起施行	
《浙江省古树名木保护情况补充调查技术规定》	树龄 90~100 年	浙江省	2012 年 8 月	
《河北省古树名木保护办法》	树龄在 80 年以上不满 100 年，并且具有保护价值的树木	河北省	2014 年 11 月 27 日通过，2015 年 2 月 1 日起施行	参照三级古树的保护措施实行保护
《广西壮族自治区古树名木保护条例》	树龄 80 年以上不满 100 年	广西壮族自治区	2017 年 3 月 29 日通过，2017 年 6 月 1 日起施行	参照三级古树的保护措施实行保护
《江苏省城市古树名木保护管理规定》	树龄 50 年以上不满 100 年	江苏省	2018 年 5 月 14 日	登记、建档、统一编号，设立标牌
《四川省古树名木保护条例》	树龄 80 年以上不满 100 年	四川省	2019 年 11 月 28 日	参照三级古树的保护措施实行保护
《重庆市城市古树名木和古树后备资源管理办法》	树龄 50 年以上不满 100 年	重庆市	2022 年 5 月	

图 1-1　上海市古树后续资源标识（胡世勤　摄）

图 1-2　上海市古树后续资源标识（胡世勤　摄）

图 1-3　北京天坛公园的准古树标识（付军　摄）

1.2　古树名木类型划分

按照古树名木的定义，按照其树龄年限、树干形体、景观特征、珍稀程度和文化内涵，将其分成珍稀型、古老型、高大型、景观型、文化型共 5 种类型（苏祖荣，2014）。

1.2.1　珍稀型

珍稀型古树名木是指稀缺和珍贵的树木。包括孑遗树木、珍稀树木等类型。孑遗树木，指经第四纪冰期后的孑遗植物。例如，位于湖北利川谋道溪的"一号水杉"，树高35m，胸径2.40m，树龄约500年，是第四纪冰期后孑遗植物之一，以"活化石"而扬名于世，被称为"天下第一杉"。位于浙江天目山开山老殿下方悬崖中的银杏，高12m，胸径100cm，树龄1500余年，这株古银杏同样历经第四纪冰期的劫难，是银杏的幸存者。银杉被国外许多古生物学家断言已在地球上绝迹，但我国于1955年先后在广西、湖南、贵州、重庆等地发现银杉。广西花坪的一株银杉树龄800多年，是银杉中的老者。珙桐又称中国的"鸽子树"，湖南桑植一株珙桐，高25m，胸径110cm，树龄300多年，人称"珙桐王"。此外，尚有桫椤、苏铁、水松、秃杉、红豆杉、香果树、香木莲等古树名木。珍稀树木，指珍稀的被国家列为重点保护的植物，如望天树、坡垒、铁力木、金丝李、降香黄檀、黑香檀、油丹、红松、冷杉、猪血木、滇楸、德昌杉木等。其中铁力木是世界珍贵用材和观赏树种，属国家Ⅰ级重点保护野生植物。在云南双江有一株铁力木古树，树高14m，枝繁叶茂，鲜红的新叶和浓绿的旧叶，构成色彩斑斓的外貌。降香黄檀，俗称花梨或花梨母，是红木中的上乘者，属国家Ⅱ级重点保护野生植物。另外还有百山祖冷杉、普陀鹅耳枥、天目铁木、银缕梅、华盖木、绒毛皂荚、长蕊木兰、单性木兰、膝柄木、白皮云杉、康定云杉等。像百山祖冷杉，现仅存4株。此外，野生的古核桃、古苹果、古樱桃李、古巴旦杏、古石榴、古荔枝、古龙眼、古茶树、古波罗蜜树等，均属珍稀型古树之列。

1.2.2　古老型

高树龄是古树名木的一个重要特征，这里所指的高树龄是指在特定区域某种类型树种的树龄最大的树木。全国有名的古树有：辽宁最大的水曲柳，树龄200余年；山东莱阳"梨树王"，树龄300多年；广东从化"荔枝王"，树龄300多年；新疆"无花果王"，树龄400多年；陕西洛南"核桃王"，树龄500多年；福建泰宁古花桐木，树龄500年；安徽青阳古青檀，树龄500多年；湖北神农架香果树，树龄300多年；湖南湘西"檫树王"，树龄800多年；福建宁德"杉木王"，树龄1100多年；河南嵩阳书院的"中州第一柏"，有人评述为原始柏，有近5000年的历史；陕西黄帝陵"轩辕柏"，已有5000多年的历史。

1.2.3　高大型

树木的形态高大挺拔，出类拔萃，为万木之冠，独霸森林，是作为古树名木的一个很重要特征，包括高（树高之最）、大（胸径之最）、宏（树冠之最）3个要素。

我国最高的树是云南西双版纳的望天树（苏祖荣，2014），属龙脑香科柳桉属，常绿乔木，高一般可达50~60m，最高的可达80m。此外，浙江西天目山有一株高56m的金钱松，为世界上最高的金钱松。辽宁凌源市河坎子乡的一株麻栎，高42m，堪称一绝。湖南武陵山的两株水杉，树高分别为44m和46m。吉林长白山的一株沙松，高39m，被称为"沙松王"等。

胸径粗大的树有：福建宁德虎贝乡彭家村旁，生长着一株大杉木，其胸径2.72m，树高18m，是福建省最大的杉木王。湖北建始的2株千年巨杉，树高49.6m，胸径2.12m，堪称"湖北杉木王"。另外，还有神农架的"铁坚杉王"，江西安福的"樟树王"，浙江三门的"罗汉松王"，福建福州的"柳杉王"，河北涿鹿的"第一桑"，陕西府谷的"陕北第一柳"等。

树冠巨大的树木也有许多，如独木成林，绿荫广布，结构宏大，以榕树最为突出。云南保山的亚洲第一树——丙闷村的高山榕，树冠覆盖面积 $1677m^2$；云南盈江县的"榕树王"，遮地面积 $3689m^2$，由114条支气根支撑，形成气象万千的"独木成林"奇观；贵州荔波县的黄葛树，平均冠幅37m，像一把绿色巨伞，堪称奇观。

1.2.4 景观型

景观型古树名木又称造型树，以古树的外在形态和色彩而传留于世。其形态因针叶类、阔叶类树种的不同，而呈现各种不同的形态。针叶类型以松、柏、杉为代表，树形可以是树干通直、针叶简洁、挺拔刚劲。例如，黄山的迎客松，挺拔独立，顶部枝叶虬结平密，树冠如幡似盖，且偏向一侧，似领首欢迎来者。武陵源的武陵松，在石英岩构成的峰林上，独树一格，倾倒无数中外游客。景观型也可以是树形奇特，如松树类的九龙松、蟠龙松、卧龙松、龙凤松、云龙松、蒲团松、连理松、黑虎松等，柏树类的龙凤柏、龙鸟柏、钓翁柏、卧牛柏、奇门柏等。阔叶类型以榕、榆、樟、槐、银杏、柳为代表，榕树类的象榕、龙榕、鹿榕、屋形榕、迎客榕、门形榕、榕根桥、榕桥等，榆树类的卧牛榆、龙头榆、牛头榆、恐龙榆等。陕西的"三秦第一槐"，树身枝干交错，远处望去，似一个巨型盆景。山东日照的"银杏第一树"，树姿挺拔，参天而立，形若山丘，冠似华盖。

此外，还有两树合体的，如古柏抱槐、古柏抱桑、樟抱榕、樟抱朴、榕抱樟、槐抱榆、槐抱柏、桑抱榆、榆伴柳、棕榕合树、樟桐连体、同根三异树、五木同堂，还有夫妻榕、连理柏、兄弟枫、鸳鸯树、母子榕、公孙树、同心树、青檀四兄弟、双亲育子树、夫妻相对楠、银杏四世同堂、银杏子孙满堂等，以及石上柏、石盘榕、榕抱佛、塔顶树、龟石榆、桥驮枫等，均风姿各异，令人惊叹。

1.2.5 文化型

文化型古树名木指由名人手植或位于风景名胜区、皇家园林、祭坛、寺庙、道观、陵寝、书院、祠堂、名人故居等地，具有一定文化背景或历史渊源的古树。

1.2.5.1 名人手植

主要包括国家领导人、外国元首、著名政治人物、国内外著名历史文化名人、知名科学家等所植的树木。

①国家领导人手植树木 比如毛泽东在长沙市湖南第一师范学校栽植的板栗树；朱德在四川仪陇县栽植的桂花树和皂角树；周恩来在云南种植的象征中缅友谊的黄缅桂；邓小平在广西中国红军第八军军部旧址栽种的手植柏；董必武在广州市华南植物园手植的青梅树等。

②外国元首或著名政治人物所植树木 外国元首所植树木，如金日成在北京大兴红星公社（原称中朝友好人民公社）栽植的白皮松；著名政治人物所植树木，如彭德怀在山西武乡县原八路军总司令部手植的榆树，贺龙在山西兴县原晋绥边区政府所在地培育的"六柳亭"（6株柳树），陈毅在广东廉江市种植的"元帅杉"（南洋杉）等。

③国内外著名历史文化名人、知名科学家所植或咏题的树木 比如北京太庙明成祖手植柏，江苏宿迁市项王故里的项王手植槐（项羽手植），山东泰山风景区岱庙的刘彻手植柏，山东曲阜孔庙中的孔子手植桧，陕西略阳县琵琶寺李白手植的银杏树，陕西铜川耀州区药王庙的孙思邈手植柏、陕西城固县徐家河村的扁鹊手植槐等。

1.2.5.2 位于特定场所的古树

特定场所的古树是指位于风景名胜区、皇家园林、祭坛、寺庙、道观、陵寝、书院祠堂、名人故居等地，具有一定文化背景或渊源的古树。这一类古树数量众多，如山东泰山风景区"五大夫松"，江西庐山风景区的"三宝树"（2 株柳杉、1 株银杏）、安徽黄山风景区的"迎客松"；北京故宫的"九莲菩提树"、京华轩前的楸树，北京北海公园"遮荫侯"（见彩图 1）与"白袍将军"（见彩图 2），北京香山公园"听法松"，北京景山公园崇祯皇帝自缢槐；北京天坛公园"九龙柏"（见彩图 3），北京地坛公园古柏（见彩图 4）；北京潭柘寺"帝王树"与"配王树"，北京戒台寺五大名松，北京红螺寺黄槽竹，北京大觉寺千年银杏（见彩图 5），北京法海寺白皮松（见彩图 6），北京龙泉寺"神柏"（见彩图 7），湖南韶山银田寺银杏；山东曲阜孔庙宋银杏（见彩图 8），北京孔庙的"触奸柏"（见彩图 9）与罗汉柏（见彩图 10），山东邹城孟庙紫藤与银杏，甘肃天水伏羲庙唐槐与八卦柏，陕西渭南仓颉庙古柏；山东曲阜孔林（孔子及其后裔的家族墓地）古柏（见彩图 11），辽宁沈阳东陵公园古榆（见彩图 12、彩图 13）；北京文丞相祠古枣，山西晋祠周柏与唐槐，四川成县杜甫草堂古柏；北京宋庆龄故居西府海棠；江苏扬州驼岭巷"南柯一梦"古槐树，广东深圳中英街古榕等。

1.3 古树标识

在我国，大部分省、自治区、直辖市能做到对古树进行挂牌保护，但对标牌内容的规定有所不同。标牌一般应具备的内容包括编号、树种名称、拉丁学名、科属、树龄、保护级别、挂牌时间等。新版挂牌还配备二维码信息，扫描二维码即可获取该株古树的详细信息，如古树的经纬度定位、胸径、树高、冠幅等生长指标，管护责任人，生长习性等信息。我国很多地区都按照古树的保护等级对古树的标牌样式进行颜色区分，如北京市一级古树挂红牌、二级古树挂绿牌；浙江省树龄在 1000 年以上的古树采用深棕色铭牌，树龄在 1000 年以下的采用浅灰色铭牌，古树群牌采用金黄色铭牌，牌上包括浙江古树名木标识、拉丁学名、树龄、编号、简介、二维码、挂牌单位和挂牌时间等信息。有的地区还规定了固定标识铭牌的方式，如浙江规定挂牌禁止使用钉钉的做法，全部采用弹簧悬挂式或落地式；上海采取对一级古树立石碑，二、三级古树挂牌的方法。部分地区古树标牌设计做到地域文化性与功能性相结合，标牌形式体现了地域文化特征，如四川省的古树名木标牌标识（徽标）为三色银杏叶组合成的大熊猫图案，体现了地域特征（图 1-4、见彩图 14）；浙江省古树名木徽标整体以古树的形象为设计主元素，呈现出古树饱经风霜、苍劲古拙感，同时融合了浙江的"浙"字，地域特色强烈，视觉冲击力强（图 1-5、见彩图 15）；山东省古树名木徽标以山东省地理版图构成的树冠与呵护状的双手构成的树干有机融合、幻化成斑驳的古树形象为设计主体，并融合印章、逗号状的祥云、窗口等元素于一体，标识整体传达出了山东省古树名木的地域特征与文化内涵（图 1-6）。

图 1-4　四川省古树名木徽标　　　图 1-5　浙江省古树名木徽标

图 1-6　山东省古树名木徽标

1.4　其他国家(地区)古树名木的界定

我国对古树名木中的树龄、历史价值有界定标准,其他国家(地区)对古树名木的界定标准不尽相同,现对英国、美国、新加坡及中国香港进行列举说明。

1.4.1　英 国

英国古树名木泛指具有特殊价值和意义的树,这类树木特殊的原因包括树龄较大,为其他野生动物提供重要的生境,外观形体远超出同树种平均水平,同重大历史事件紧密相连或具有显著的文化意义等。针对我国古树名木中所界定的对树龄、历史价值的特殊要求,英国相关概念有历史树/遗产树、古树、老树、大树、冠军树。

(1)历史树/遗产树(historic tree / heritage tree)

英国将树龄较大,具有重要历史和文化的树木称为历史树或遗产树,类似于我国的古树名木。历史树或遗产树通常是一株巨大的、独特的树,具有独特的价值,是不可替代的。历史树、遗产树命名的主要标准包括年龄、稀有性、大小、审美、树种、生态和历史价值等,其命名通常由地方树艺师(arborist)提出,并由树木保护委员会(Tree Conservation Commission)决议通过而归档于市政书记员(Municipal Clerk)处,归档内容包括树木的详细信息和地理位置等。英国还制定了相关历史遗产树的保护条例,提出对这些树木进行保护的具体要求。

（2）古树（ancient tree）

古树指相比于同类树种的其他树，树龄大的树，其特点是树冠可能较小，树干较粗，且树干内部可能存在空洞，但这并不代表该树即将死亡。事实上即便是处于生长衰老阶段，古树也可能存活数十年或上百年。

在古树衰老过程中，树冠尽管继续生长，但由于逐年的枝条衰败枯落，树冠总体逐渐减小，变小的过程通常会在成熟期后开始发生，这是一个自然过程，在这个过程中，树叶和根系彼此重新平衡（图1-7）。这个过程称为"树冠缩减"，有时也描述为"向下生长"（growing downwards）。树冠小、树干粗增强了古树的抗风能力，避免被连根拔起。随着年龄的增长，开始出现树干中空现象，这种现象并非不健康的标志，而是因为树木中央的枯木被真菌逐渐腐化。树干中空可能会帮助树木活得更久，因为它们释放出积存在木质中的矿物质，有助于该类物质的重新利用。这一特殊的生境可能需要几百年的时间才能形成，它适合许多稀有的和特殊的真菌和动物在这里生存，这也增强了古树保护的重要性。

显示古树生命阶段的图表

←—幼年期—→　←——成熟期——→　←————————老年期————————→

老年期可能是古树生命中最长的阶段，也是对相关野生动物最有价值的阶段

图1-7　古树生命阶段示意图（Woodland Trust，2009）

概括起来，古树的外部特征主要包括以下几个方面：①树冠小、树干粗；②树干中空，并且可能有一个或多个通向外部的开口；③鹿头状：枯死的、鹿角状的树枝延伸到头顶以外；④有真菌子实体（蘑菇）；⑤孔洞（例如树枝折断的地方），树液流出或在树枝凹陷处自然形成水池；⑤树皮粗糙或多裂缝；⑥具有高度美感的"古老"外观；⑦气生根向下生长到腐烂的树干或树枝上。一棵树拥有的以上这些元素越多，就越有可能是古树（图1-8）。

（3）老树（veteran tree）

老树是指具有损伤和腐烂等衰老特征，可为其他生物提供生境的树。相对于古树，老树不是必然的时间产物，而是时间与环境共同作用的结果。老树可能是一株相对年轻的树，只是相对于同一物种的其他树木来说，它们是古老的。老树中的年长者属于古树，但并不是所有的老树都足够成为古树。相比于古树，老树有相对小的胸径，但承载着衰老的损伤，如树干、枝条或根系的腐朽，真菌繁殖或死木，正是这些衰老的特性为野生生物提供了生境。这种生境特性通常在树木生长成熟时期及衰老前期等生长阶段体现出来。

（4）显著树（notable tree）

显著树是指城市中体量大、树型优美、位置重要、种类珍稀，视觉上十分醒目、突出

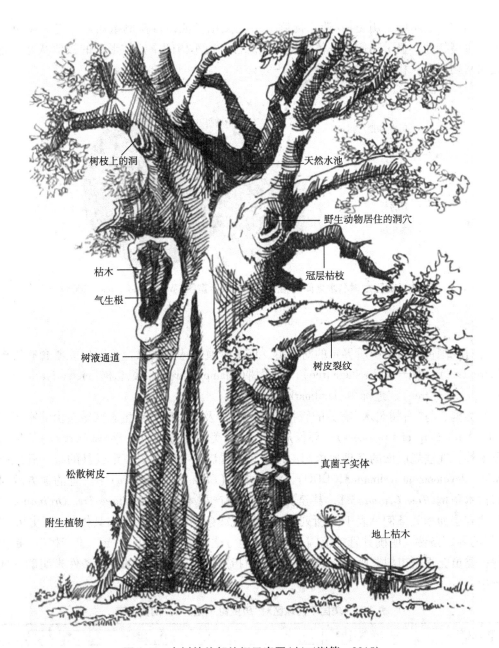

树枝上的洞

天然水池

野生动物居住的洞穴

冠层枯枝

枯木

气生根

树液通道

树皮裂纹

真菌子实体

松散树皮

附生植物

地上枯木

图 1-8 古树的外部特征示意图(赵亚洲等，2015)

且备受公众关注、喜爱，或具有较高历史文化内涵和美学价值的树木。大部分的显著树因其在环境中的显著性，而得到区域性或地方性的认可。显著树通常比古树高，也可能比老树粗，但不具有任何显著的衰老特征。在树木资源较少的地区，一株树形相对较小的树也可能成为显著树，因为在当地环境中，其具有显著性。

（5）冠军树（champion tree）

冠军树是指某一地区、某一树种中最高或胸径最粗的树。胸径粗的冠军树一般是古树，但是高度最高的冠军树不一定是古树，最高的冠军树可能正处于成熟期或正处于生长高峰期。

英国古树名木中，历史树/遗产树侧重历史文化特征，古树侧重树龄，老树侧重衰老特征和生境特性，显著树侧重具体生境的显著性，冠军树侧重树体形态的极值状态，各类别之间密切联系，相互渗透和包含（图1-9）。

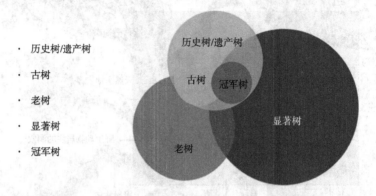

- 历史树/遗产树
- 古树
- 老树
- 显著树
- 冠军树

图1-9　英国古树名木之间的相互包含关系示意图（Woodl and Trust，2008）

1.4.2　美国

针对我国古树名木中所界定的对树龄、历史价值的特殊要求，美国相关概念有历史树（historic tree）、遗产树（heritage tree）、冠军树（champion tree）、纪念树（memorial tree）、标本树（specimen tree）、地标树（landmark tree）等。

在美国，与"古树名木"有关的管控要求，除涉及大尺度重要生态区域会由陆军工程兵团（the Army Corp of Engineers）、环保局（EPA）和美国林务局（US Forest Service）等提出管理要求外，在法规层面的管理要求都由地方政府提出，一般涵盖在市或县的统一开发条例（unified development ordinance，UDO）、条例规范（*Code of Ordinance*）中。有的地方政府会发布树木条例（*Tree Ordinance*），甚至更具体的遗产树木条例（*Heritage Tree Ordinance*）等，具体地方层面相关条例见表1-4所列，这些法规或条例中往往会给出具体的"历史树""遗产树"的界定条件，明确其管控范围。但有的地方法规中的"历史树"或"遗产树"，是由树木保护委员会根据市树艺师（arborist）的申请而指定的树木，具体的界定条件未明确在地方法规中。

表1-4　美国不同地区对"历史树""遗产树"的界定表

地方政府名称	相关条例名称	备　注
美国缅因州波特兰市（Portland）	遗产树保护条例	遗产树（heritage tree）是私人拥有的财产范畴，并且位于指定历史区的树木，需符合以下至少一项标准： 1. 任何被列入缅因州农业、保护和林业部颁布的"大树名录"的树木； 2. 某些直径为24in* 或更大的乔木； 3. 直径为12in 或更大的观赏性亚树木； 4. 稀有或受威胁的本地树木群

---

* 　1in（英寸）= 2.54cm（厘米）。

（续）

地方政府名称	相关条例名称	备 注
美国加州索诺玛县（Sonoma）	相关条例规范中的"遗产树和历史树"	未给出明确界定范围，给出了历史树/遗产树（historic tree /heritage tree）的申请程序要求。 由树木保护委员会根据市树艺师的申请而指定的树木；或任何其他有关人士的申请，因其年龄、大小或历史渊源而具有显著历史价值和意义的树木；或根据城市树木学规范和实践标准，被指定为具有显著历史价值和意义的树木
美国加州门洛帕克市（Menlo Park）	城市法规（13.24章 遗产树）	遗产树（heritage tree）指： 1. 除橡树外，所有树干周长为 47.1in（直径为 15in）或更大的树木，测量时高出自然地平面 54in； 2. 原产于加利福尼亚的橡树，其树干周长为 31.4in（直径为 10in）或更大，测量时高出自然地平面 54in； 3. 具有历史意义、特殊性质或社区利益的树木或树群，由市议会决议特别指定
美国加州芒廷维尤市（Mountain View）	城市法规（第 32 章，第二条）	遗产树（heritage tree）定义为具有以下任何一个特征的树木： 1. 树干的周长为 48in 或更大，测量时高出自然地平面 54in。多树干的树木是在第一个主要树干分叉处以下测量； 2. 以下 3 种树木中的任何一种，其周长达到 12in 或更大，测量时高出自然地平面 54in：①橡树，②红杉（红木），③雪松； 3. 被市议会指定为"遗产"的树木丛林
美国佐治亚州亚特兰大市（Atlanta）	相关条例规范的"树木保护"	未给出历史树（historic tree）的明确界定范围。 历史性树木是指由树木保护委员会根据市树艺师的申请而指定的树木；或任何其他有关人士的申请，因其年龄、大小或历史渊源而具有显著的历史价值和意义的树木；或根据城市树木学规范和实践标准，被指定为具有显著历史价值和意义的树木
美国佐治亚州富尔顿县（Fulton）	树木保护法规	遗产树（heritage tree）：任何状况尚可或较好的树木，其直径等于或超过了以下尺寸： <table><tr><th>树木类型</th><th>树木直径大小</th><th>实例</th></tr><tr><td>大型阔叶树</td><td>27in</td><td>橡木、山胡桃木、北美鹅掌楸、枫香树等</td></tr><tr><td>大型阔叶树</td><td>24in</td><td>山毛榉</td></tr><tr><td>大型针叶树</td><td>24in</td><td>松树、雪松</td></tr><tr><td>小型本地花木</td><td>10in</td><td>山茱萸、紫荆、酸叶石楠</td></tr></table>状况一般或较好的树木必须符合以下最低标准： ①预期寿命超过 10 年； ②树干相对健全、坚实，没有大面积的腐烂或空洞，树干径向枯死率低于 20%，树干径向枯萎率低于 20%； ③主要枯枝不超过一个、次要枯枝不超过多个（仅指阔叶树）； ④没有严重的病害和虫害； ⑤特殊品质的稀有树种，或具有历史意义的树种，可视为标本树； ⑥如果一株小树被建筑商、开发商或专业设计人员专门用来作为视觉焦点，可以视为标本树

图1-10　新加坡遗产树

1.4.3　新加坡

　　与历史悠久的中国相比，新加坡是一个年轻的国家，因此没有对树木在树龄上的分类，但也提出了一个相近的概念"遗产树"（heritage tree），胸围50cm（相当于胸径16cm）以上的，并且/或者具有植物、社会、历史文化和/或审美价值的树木，可以划定为遗产树的范畴（图1-10）。通过名称及定义上的对比即可看出，新加坡对于古树名木的限定范围比我国宽泛得多，更突出了对树木历史文化和生态价值等方面的重视，将树木保护上升到国家遗产保护的地位。

　　新加坡在古树保护和管理方面，具有以下几个内容：在保护管理法规制度方面，位于国家公园局和树木保护区内的遗产树受到《公园与树木法》（*Parks and Trees Act*）与《国家公园局法》（*National Parks Board Act*）相关法规的保护；在古树保护管理体系方面，2001年8月17日国家公园局发布了"遗产树提名计划"（*The Heritage Tree Nomination Scheme*），该计划面向公众开放，任何人都可以通过官网提交申请表格，推荐符合条件的树木为"遗产树"，被提名的树木由国家公园局委员会的树木专家审查后提交到遗产树专家组（The Heritage Tree Panel）做最终的决策。这种采用公众自发推荐遗产树的方式，充分调动了全民保护古树的积极性和有效性。另外，新加坡在国家公园局官方网站上将遗产树电子信息库向公众开放，公众可以对现有遗产树的名字和位置进行检索；在保护管理资金保障方面，中国香港上海汇丰银行有限公司（HSBC）设立遗产树基金，该基金用于遗产树木的防雷保护、每棵树的标牌制作以及社区遗产树保护宣传工作等；在保护管理公众参与方面，国家公园局还设立"遗产树"贡献奖，用于表彰任何对新加坡花园城市建设作出贡献的组织或个人，获得该荣誉者将会被授予表彰牌匾以及遗产树的照片。

1.4.4　中国香港

　　中国香港在2004年9月正式编制《古树名木册》，目的是使古树名木受到特殊保护。它们的详细档案资料，都刊载于特区政府康乐及文化事务署网站上。其入选的条件是：①大树（trees of large size）；②珍贵或稀有树种（trees of precious or rare species）；③古树（如树龄超过100年）（trees of particularly old age）；④具有文化、历史或重要纪念意义的树木（trees of cultural, historical or memorable significance）；⑤树形出众的树木（trees of outstanding form）。

　　中国香港目前有多条法规保护政府土地上的树木，按照这些法规，香港所有树木除非得到地政总署事先批准，否则不得砍伐或移植。而被列入《古树名木册》中的树木，只有获得地政总署和环境运输及工务局的特别批准才可移植或砍伐。香港还为古树名木设立保护区，对其生长的环境予以保护，规定不得随意在这些地方进行建筑工程。在私人土地方面，香港自 20 世纪 70 年代起已在所有土地契约中加入保护树木条文，即使是在私人土地砍伐树木，也须向地政总署申请。此外，负责养护树木的部门将会定期进行巡查，了解古树名木生长状况。康乐及文化事务署(康文署)和渔农自然护理署也会定期进行审核巡查，对这些树木的健康状况进行评估。

小 结

本章介绍了古树、古树文化等相关概念，以及我国对古树名木的分级方法，同时介绍了我国古树名木的类型划分，以及对古树标识的一些规定和案例。不同国家和地区对于古树的界定有很大不同，本章对英国、美国、新加坡、中国香港地区古树的界定和相关管理办法也进行了简要介绍。掌握本章内容，对于理解和系统学习后续知识具有重要作用。

复习思考题

1. 什么是古树？什么是古树名木？
2. 如何理解古树文化？
3. 古树名木的类型有哪些？
4. 我国古树名木的级别有哪些？

第 2 章

古树文化属性概述

本章提要

　　本章主要介绍三方面内容：古树被赋予文化属性的原因，记录古树文化属性的载体及古树的文化属性。首先介绍了古树被赋予文化属性的 3 个原因，即树龄寿命，景观特征，生产、生活、生态的历史见证；然后叙述记录古树历史文化信息载体的几种方式，即历史典籍、神话传说、诗词绘画、人物事迹、文物古迹等；最后概要介绍古树文化属性的 5 个方面，即历史性、文学性、艺术性、社会性、地理环境属性。通过本章学习，可以了解古树被赋予文化属性的原因，同时还可以了解古树文化的获取方式以及古树文化包含的内容。

2.1　古树被赋予文化属性的原因

　　古树树龄长达百年，甚至千年以上，悠长的历史让古树经历了自然与人文的岁月变迁，见证了人类的生产、生活，具有丰富的文化属性，这种文化属性涉及历史性、文学性、艺术性、社会性、环境地理属性等多个方面，综合塑造了古树独特的精神品质和文化蕴涵。

　　古树为什么具有这些文化属性呢？主要是因为古树自身的树龄寿命、景观特征，以及作为生产、生活和生态的历史见证等几个方面的原因。

2.1.1　树龄寿命

　　古树树龄均在百年以上，有的可达近万年。据 2022 年第二次全国古树名木资源普查 [普查范围包括 31 个省（自治区、直辖市）和新疆生产建设兵团，不包括自然保护区和东北、内蒙古、西南、西北国有林区以及台湾地区和香港、澳门特别行政区] 结果显示，陕西省拥有全国仅存的 5 株树龄超过 5000 年的古树，其中有一株是黄帝陵的"轩辕柏"。

　　古树中以树龄之长为代表的松、柏，有着流芳百世、万古长青的寓意，被誉为"百木之长"。如旧时祝颂用语有云："福如东海长流水，寿比南山不老松"，寓意"长寿"。古树饱经风雨，历尽沧桑，它们能够挺过自然灾害、病虫害和人为干扰活动等种种劫难而存活几百年、几千年甚至上万年，足以体现古树生命力的顽强，常常让人联想到"坚韧""刚强"等人格化的特质。

2.1.2 景观特征

古树树龄较长，因自身遗传特征或是受外界环境变迁的影响，呈现出独特的景观特征，这些独特的景观特征经人们的赞誉联想、寄情托志、神化崇拜等"以文化之"的过程，而具有突出的文化属性。

2.1.2.1 体量

古树相较于相同树种的幼龄或青壮年树，体量一般明显偏大。①体现在树高、胸径、冠幅等本体的物理指标上，相关历史文献中常有"高达数丈""粗可合抱""荫地亩余"等词汇来形容。②体现在体量与外界环境的对比上，古树多树高冠大，可以荫蔽房屋、院落、场院，并在与山体、巨石、溪流、林田等自然景观结合中显示出突出的体量，而成为一定视觉范围内的景观主体，作为一定地域范围内的地标。③体现在人们对古树的"高大""雄伟"意象的心理认知上，古树的高大雄伟寓意着自然的力量和强大的生命力。文学作品《黄山奇松》中就讲到"陪客松正对玉屏楼，如同一个绿色的巨人站在那儿，正陪同游人观赏美丽的黄山风光"。

2.1.2.2 树形姿态

古树因生长期长，在生长过程更容易受特殊外界因素影响，出现如残断、劈裂、分叉等，形成了独特的形态，并经人们想象加工，呈现出似龙、似虎、似狮、似羊等象形比喻。如北京劳动人民文化宫（太庙）的鹿形柏、山西介休市绵山镇的狮子槐、湖北郧阳区的袋鼠放哨柿、辽宁建昌县的独角牛头槲、陕西扶风县的卧牛柏、河北山海关的金鹏展翅松等。湖北大悟县的一株古银杏因树干被雷电劈开，呈现出"一线天"的奇特树冠；江西安福县的一株古樟树，在离地 4m 左右的位置处分生出 5 枝粗细和间距相近的巨大枝丫，因巨枝生长排列奇特被称为"五爪樟"。上述这些古树景观已经成为地方性历史文化的代表性景观，成为人们展示和了解地方历史文化和自然景观特色的窗口。

古树因具有极为顽强的生命力，在经年累月的生长过程中，有的会出现包裹"吞噬"其他实物的奇观。河北枣强县的一株明代栽植的古松，年深日久，把树旁的一块青石包裹起来，形成"树干含青石"的奇景；四川泸定县的一株树龄 1200 多年的古杉，树干内有一座小型观音莲台，形成"树庙一体"的奇观；著名的佛教圣地云南大理鸡足山有一株树龄 700年左右的高山栲，树高 18m，胸径 3.72m，树干中空内径 2.7m、洞高 3.5m，可容 20 人立足、8 人盘膝而坐，形成了"空心树寺"的奇观（图 2-1），据《鸡足山志》记载，一位广西高僧曾在此树洞中静修 40 年，该树成为当地佛教文化景观的重要内容。

有的古树会在衰枯的树桩中萌生更替的植株，形成"枯木逢春"的奇观。如山东曲阜孔庙内一株 290 年历史的古圆柏，就是在 1732 年从已经干枯了的"孔子手植桧"上萌生的新枝长成的。又如山东泰山岱庙内的"唐槐抱子"，这株树龄 1300 多年的古槐，于 1953 年枯

图 2-1　云南大理鸡足山的"空心树寺"（李柏园　摄）

死后，在枯干中长出了一株新槐。有的古树从其老树蔸或树干上，萌生出新的植株，形成种种奇特景观。如安徽全椒县的一株400多年的古银杏，5人合抱的粗大树干中分出了4个巨大枝丫，称为"怀中抱子"。这些古树独特的生物学和生态学景观，被人们赋予了文化和神话特色，喻指着地域性文化、思想、观念的生生不息、传承不绝。

古树由于体量较大，生长期长，更易出现因其他植物的种子被风吹起或鸟类传播，偶然落在适宜生存的古树树蔸、树杈上或其枯萎的树干上的情况，经年累月形成种间附生现象，是常见的古树奇观之一。如北京中山公园（社稷坛）的"槐柏合抱"，是由一株槐树长在一株古柏树干的裂缝中形成的。有些古树甚至出现"三木一体"的奇观，湖南芷江县的一株千年古枫，在高出地面 1m、占地 20m^2 的庞大树蔸上长出了一株楠木和一株檀木，天长日久形成奇观。山东崂山太清宫的一株古汉柏，是由一株凌霄和一株盐肤木依附着古柏的枝干，形成了枝繁叶茂的三木合抱奇观。这些独特的古树景观往往让人联想到亲情、友情和爱情，寓意"舐犊情深""共生共荣""缠绵悱恻"等，成为独特的地域性文化景观，蕴含了特殊的文化意向。

绞杀现象是塑造古树奇特形姿的另一种典型现象。它是植物种间竞争生存条件的一种现象，以榕树最为常见。它们缠绕在其他树上，与被绞杀植物争夺养分和水分，被绞杀植物因营养和水分不足而逐渐死去，在漫长的岁月中，被绞杀树木枯亡的枝干往往和绞杀植物共同形成了奇特的古树造型。广西崇左市江州区的一株树龄200年的古榕树"龙抬头"，榕树附生在其他树木树干上，其气生根顺着宿主的树干缠绕向下深入土壤，把附生的树木绞杀致死，榕树失去宿主支撑后发生倾斜，整个树形酷似一条昂首的巨龙。广西贺州市昭平县黄姚景区的一株树龄800余年的古榕树，早在200年前其已枯萎的气生枝干被许多寄生藤以及气根紧紧缠绕包裹倒立下来，整体形似龙爪而得名"龙爪榕"。这些造型奇特的古树，常被人们所崇敬和保护，成为城镇村寨的地理标志和重要的文化景观。

古树的各种独特树形姿态，或经人们的联想比拟，或经人们的生产生活参与其中，而被赋予超越其自然属性的文化内涵。

2.1.2.3 叶、花、果

古树因其体量巨大，冠丰树高，叶、花、果在特定季节形成的特定景观往往较幼龄或青壮年树有更突出的视觉冲击力，在环境中尤为引人注目。

我国常见的具有突出色叶景观的古树树种有古银杏、古黄栌、古枫、古枫香树、古槭树、古胡杨等。例如，赏枫胜地苏州天平山，有一棵年逾 400 年的古枫香树，树干高约 27m，需要 3 人合抱才能把树干圈起来，深秋时节，全树叶片变红，远望灿若红霞，近观如巨型红伞，此景与奇石、清泉并称为"天平山三绝"，成为独特的文化景观。

我国常见的具有突出观花景观的古树种类有古玉兰、古梅、古紫薇、古山茶、古杜鹃花、古桂、古丁香、古楸树、古梓树等。在中国传统观赏花木古树中，玉兰是最受喜爱的名花之一，更有树龄百年至千年的古玉兰。甘肃天水市甘泉镇的两株世所罕见的玉兰，树龄逾 1200 年，树高约 25m，树干粗壮。两树树冠交错形成巨大拱门，每年初春时节，银花满枝，花形似蝶，白色花瓣外带朱砂红色，高洁雅丽、暗香浮动，吸引大量游客观赏。历代不乏咏玉兰的诗句，玉兰被赋予"高雅"的文化意向，明代文震亨《长物志》认为玉兰栽植之地"最称绝胜"。

我国常见的具有突出观果景观的古树品种有柿、桑、栗、荔枝、橘、文冠果等，其果实成为古树典型的特色景观之一。在中原地区柿树有 3000 多年的栽培历史，据河南有关部门普查，在鲁山、卢氏、永城等地发现几百年至千余年的古柿树多株。古柿树中有些高可达 20 余米，树形优美，果实大小、色彩、形状因品种不同，多有差别，成熟时果实由青转黄而呈红色，秋天红叶如醉、丹实似火。苏轼曾在诗中盛赞曰"柿叶满庭红颗秋"。古人有在居处附近栽种柿树的习俗，有"事事红火""事事如意""喜事连连"的寓意。

古树的叶、花、果景观，由于其景观美丽、历时长久，往往带给人们精神上的享受，成为地域性文化景观的典型代表，多数还被赋予吉祥美好的寓意。

2.1.3 生产、生活、生态的历史见证和组成要素

古树生长年深日久，与当地的生态环境、生产经营和生活方式产生了相互的影响，或作为生产、生活、生态要素的重要组成部分，成为当地历史人文的组成要素，并在历史长河上口传书记、演绎发展，而形成更加丰富的故事传说，成了承载生产、生活、生态的历史见证。

2.1.3.1 古树作为农业生产的见证

古树由于自然的农业经济价值，或作为农业生产设施的组成部分，或作为农业生产中物质循环的一个环节而成为生产的见证。由于满足了农业生产的需要，因而倍受人们的重视、保护和尊重。

①古树作为经济林栽植 我国大江南北都有经济林古树群的分布。如湖南城步苗族自治县的东晋时期人工营造的古杉树群；山东乐陵市的古枣树群、无棣县金丝小枣古树群、郯城县的古板栗群、招远市的古柿树群、夏津县的古桑树群等；新疆喀什、和田、阿克苏地区的核桃、枣、无花果等经济林古树群。南方地区各地的古荔枝树、古茶树、古桑树、古橘树、古油茶树等也有分布。

②古树作为农业灌渠等水利工程的护岸林木栽植　我国在春秋战国时期就有植柳护堤的相关记载。秦汉时期，灞水两岸开始种植柳树。隋唐以后，河流堤防采用大规模种植柳树以固护堤岸（陈喜波，2020）。宁夏地区为引黄河水灌溉农业，修建了引黄灌渠，在引黄灌渠上种植护堤柳的记载从宋已有，在银川唐徕渠沿岸尚存栽植于 1904 年的古柳数株，树龄已逾百年。

2.1.3.2　古树作为日常生活的见证

自古以来，人们已经养成了在住宅内部或附近植树的习俗，以获得荫庇、美化景观、收获副食、表达祝福、寄托情志的目的。树木因此成为人类生活的见证，特别是数百年甚至上千年的古树，更是数代甚至数十代居民生活历史、家族传续的见证，而倍受珍惜、爱护和尊重。

我国传统造园中特别重视树木栽植，明代造园家计成所著《园冶》一书中曾论及："斯谓雕栋飞楹构易，荫槐挺玉成难"。古人造园喜欢购旧园重新修葺的重要原因之一，就是旧园有古树。因此，古典园林中多有古树，古树是古典园林的重要组成部分。如苏州拙政园的古枫杨、网师园的古柏、留园的古银杏，无锡寄畅园的古樟树等，是园林风貌的核心要素。

传统村落中也保存了大量古树，传统村落的延续和保护，为古树的遗存保护创造了条件。作为传统村落重要的文化景观要素，古树或是村落的生态树，或是村头巷尾的会客厅、集散点，还有可能与村落的家族礼法制度紧密相关，被视作祠堂祖庙的荫庇者和守护者。

2.1.3.3　古树作为社会生活的见证

寺观、陵墓、祠堂、坛庙、宫苑等是人们进行社会生活的重要区域和场所，出于塑造庄严风貌、表达宗教寓意、改善人居环境等方面的原因，历代多重视绿化。加之寺观、祠堂、坛庙、宫苑传承延续较久，且多有专门的人员或机构负责绿化管护，因此保留了大量的古树，并成为重要的景观要素，甚至被赋予各类人文内涵，成为社会生活的历史见证。

松、柏、银杏在寺观中多有种植。如北京戒台寺的"九龙松""抱塔松""卧龙松""活动松""自在松"5 株知名古松；山东泰山普照寺中有树龄 1400 多年的"六朝松"；山西五台山一带的镇海寺、显通寺、菩萨顶、佛光寺等众多寺庙，都有树龄百年甚至千年的古松。又如河南少林寺的初祖庵、浙江宁波的天童寺、广东梅县的灵光寺等地都有植于唐代的古柏。我国古代僧人常用银杏来代替佛门圣树"菩提树"，因此在寺庙中多植银杏（张宝贵，1997），山东日照定林寺有一株古银杏，树高 24.7m，胸径 15.7m，树龄超过 3000 年。

自古以来，墓地、陵园、祠堂、坛庙植柏成俗。例如，陕西汉中定军山下诸葛亮真墓前有 20 多株"汉柏"；河南洛阳关林的古柏群中有"旋风柏""龙头柏""凤尾柏"3 株千年奇柏；陕西黄帝陵占地 1300 亩*的古柏群，有逾 8 万株古柏，其中 80% 以上的树龄达 1000年；山东曲阜孔林内有成百上千的百岁至千岁的古柏；北京天坛、北京地坛、北京中山公园（社稷坛）、北京劳动人民文化宫（太庙）内也是百年古柏成林，其中不乏千年古柏；山西

---

*　1 亩 ≈ 666.7m²。

太原晋祠有"周柏"，是"晋祠三绝"之一；山东泰山岱庙内有 5 株"汉柏"，并建"汉柏院"一座，内有多块碑文记载了历代皇帝、官员对"汉柏"的赞誉，成为岱庙重要的文化景观之一。

宫苑则因为有人专门负责绿化养护，因此古树更容易保存下来，成为古树集中分布区，数量上以古松、古柏和古槐居多。如北京故宫御花园的"遮荫侯（柏）""行人柏""驼峰柏"等都是著名古柏（杨静怡，2010）；河北承德避暑山庄拥有清代皇家园林中规模最大的古松树群。我国自周代起，就在皇宫里种植槐树，故槐树又有"宫槐"之称（张宝贵，1998）。如北京北海公园画舫斋内有 1 株 1300 多年历史的"唐槐"，故宫武英殿断虹桥侧有元、明代所植的"紫禁十八槐"。

此外，古籍文献中也多有关于古驿道的行道树栽植记载。古驿道作为古代公共性基础设施建设项目，其行道树的栽植养护可以视为社会公共生活的历史见证。唐贞观年间，唐太宗李世民曾传旨天下要求"驿道栽柳树以荫行旅"。晚清名将左宗棠出仕西北时，倡导军民在潼关至新疆的驿道沿途植柳长达数千里，所植之柳被尊称为"左公柳"（图 2-2），至今尚存活，如宁夏德隆县城的 312 国道两侧尚有 23 株古柳。光绪五年（1879 年），军事将领杨昌浚西行，见沿途杨柳夹道，即景生情，赋诗一首："大将筹边尚未还，湖湘子弟满天山。新栽杨柳三千里，引得春风渡玉关。"

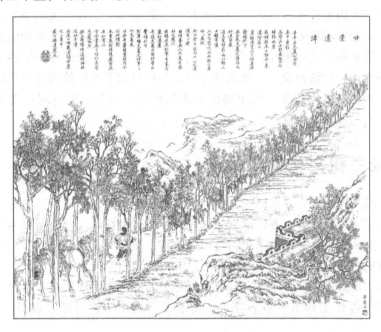

图 2-2　《甘棠遗泽》（点石斋画册，1884）
该图再现左公大道的真实情景：山川逶迤、大道向天，绿柳浓荫中行人正在赶路

2.1.3.4　古树作为生态和风景的组成要素

风景名胜区、森林公园和自然保护区中都有自然生长或人工栽植的古树，由于自然环境优越，人为破坏较少，古树得以长期稳定生长，因此树龄较长、数量较多。古树一方面是重要的自然生态资源，是风景名胜区和自然保护区生态系统中的重要组成部分；另一方面也是风景环境和人文历史的重要组成要素。

众所周知，黄山奇石中生长着十大名松和诸多奇松，都是古树，这些古松既是瑰奇的视觉景观组成内容，也以"人格化"的精神特质丰富了黄山的人文历史底蕴，成为黄山风景名胜区的重要构成要素，与怪石、云海合称"黄山三绝"。泰山、华山、衡山、嵩山、庐山、峨眉山、五台山、九华山、天目山、莫干山、武夷山等风景名胜区，也都有大量古树，成为自然风景特质和深厚人文底蕴的重要体现。

位于安徽萧县的皇藏峪国家森林公园，拥有古木成群的万亩林海。皇藏峪树龄 100 年以上的古树有 1000 多株，树龄 1000 年以上的古树有 300 多株。其中还有树龄逾 2000 年的青檀、1000 年以上的银杏和瓜子黄杨，以及 470 多株树龄千年以上的古栎树，190 多株中国特有珍稀树种南京椴。珍贵的古树资源成为皇藏峪国家森林公园最为重要的历史文化要素。

贵州大沙河自然保护区保护了我国特有珍稀树种古银杉。自 1980 年以来，先后有 40 多家国内外科研机构到大沙河林区对银杉适生条件、分布环境、银杉繁殖试验和其他各类动植物资源进行了全面的调查研究，形成了大量的科研成果。福建建瓯市万木林自然保护区拥有以我国珍稀濒危树种沉水樟为主的古树群。万木林原为元末（1354 年）乡绅杨达卿逢灾年募民营造的人工林，元末明初封禁保护，至今已 600 余年，经长期的自然演替成为现今富有特色的中亚热带常绿阔叶林。

综上所述，古树生长年深日久，历经数代乃至数十代、上百代人的岁月变迁，由于其自身的树龄寿命和景观特征，以及其作为生产、生活、生态的历史见证和组成要素，伴随人类社会的演进发展，其历史性、文学性、艺术性、社会性、地理环境属性的特征积淀累加，融入诗词绘画、神话传说、史志鉴谱之中，往往被赋予独特的精神品质特征和人格化特征，甚至呈现出神格化形象，乃至突出的政治色彩，成为不同空间尺度的地理景观标志，形成了多元的古树文化现象。

2.2 记录古树文化的载体

古树文化或古树历史文化如何去挖掘、如何去考证？我们如何探寻这些信息呢？又在哪里被记录？它需要通过各种各样的载体来完成，根据表现形式分类可分为文献史料与实物史料，其中文献史料又分为文字史料与口述史料，即历史典籍、诗词、神话传说、人物事迹等；实物史料为绘画、文物古迹等。

我国史料数量众多、种类繁多，获取古树相关的资料主要采用以下几种方法：

①充分利用各种工具书　各类字典、辞典、百科全书、目录、索引、年鉴、丛书、类书。

②分类搜集　如以史料类别分类搜集，以专题类别分类搜集。

③追踪搜寻　目录、索引、研究论著中的引注资料、人与人、事与事的关联性。

④平时阅读搜集　笔记、卡片、札记。

⑤调查采访　实地调查、访问、观察。

⑥利用互联网　专业网站、电子图书。

2.2.1 历史典籍

历史典籍是古代重要文献的总称，也泛指古代图书。它是各国传统文化和历史文脉的重要组成部分，是古为今用、再创文化辉煌的宝贵资源。据统计，我国典籍总量达 50 万种，按照《全国古籍普查平台分类表》，将古籍分为经、史、子、集、类丛、新学六大类，内容涵盖政治、经济、文化、军事、艺术、宗教、医学、农学等诸多领域，古树历史文化也蕴藏在这浩如烟海的众多历史典籍中。

记录古树或古树文化的历史典籍，主要集中在历史类文献、地方志类和农学、园艺、时令、医学、地理等诸多专业类文献，以及历史名人游记、传记、族谱等文献之中。如《诗经》《周礼》《论语》《尔雅》《史记》《汉书》《四库全书》等历史类文献；《夏小正》《管子》《荆楚岁时记》《神农本草经》《洛阳花木记》《范村梅谱》《洛阳牡丹记》《帝京景物略》《本草纲目》《花镜》《广群芳谱》等专业类文献；《水经注》《从征记》《种树郭橐驼传》《徐霞客游记》等游记类、传记、笔记等类文献。这些文献中记载的古树种类、栽植年代、繁育技术、应用类型、文化内涵等与古树文化相关内容的精准度和可信度较高。

(1) 历史类文献

西周的《周礼》中已有"树艺"一词用来表示种植之意，对树的栽植地点、树种的象征性有明确而丰富的记述。《周礼·地官司徒·大司徒》提到："以天下土地之图，周知九州之地域广轮之数，辨其山林、川泽、丘陵、坟衍原隰之名物。而辨其邦国、都鄙之数，制其畿疆而沟封之，设其社稷之壝，而树之田主，各以其野之所宜木，遂以名其社与其野。"说的是以居住地栽植的树木命名其地名的习俗。在《周礼·春官宗伯·职丧》中提到"凡有功者居前，以爵等为丘封之度，与其树数"（图 2-3）。就是说：凡有功者葬在王墓的前边，按照他们爵位的等级来决定所起坟的高度和种树的多少。《史记·龟策列传》中记有孔子："松柏为百木长，而守门间"（图 2-4），松柏是树木的龙头老大，所以皇宫王府种植松柏。

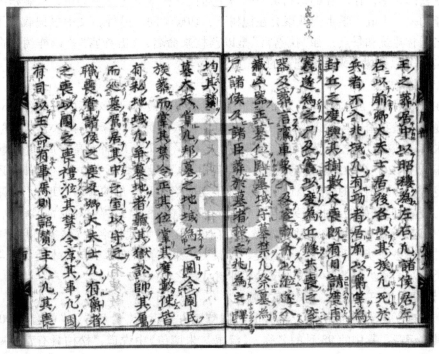

图 2-3　《周礼·春官》（图片来源：中国国家图书馆官网）

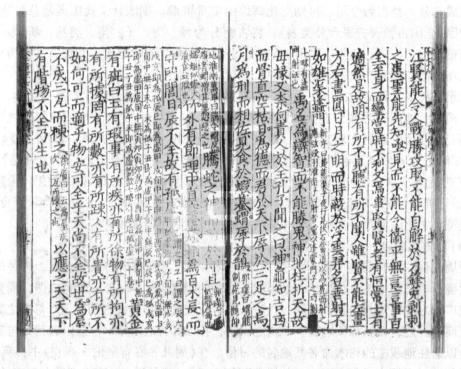

图 2-4 《史记》(图片来源：中国国家图书馆官网)

《三辅黄图》是古代地理书籍，记述有汉平帝元始四年(公元 4 年)王莽当政，朝廷建立宣明政教的太学，让从各郡邀到京城的博士居住。在这里开辟了集市，又栽植槐树几百行。每逢初一、十五，学生们就聚会在槐树下，切磋学问。另外，文中也记载了用花木名称来命名园林建筑和景点，如"扶荔宫"是以荔枝来命名，"五柞宫"是以柞树来命名，以及"棠梨宫"是以梨树类来命名记载的等。

（2）专业类文献

早在先秦时期，我国就有了关于植物的记载。我国最早记录农事的历书《夏小正》，相传著于夏朝，是我国迄今发现的第一部记载植物物候的著作。《魏王花木志》记述了木莲、山茶、朱槿、莼根、牡桂、黄辛夷、紫藤花、芦橘、茶叶等 16 种花草。周师厚撰《洛阳花木记》记述花木 200 余种；陈景沂编撰《全芳备祖》，著录植物近 300 种。此外，还有很多花木的专著，如欧阳修的《洛阳牡丹记》记述了当时洛阳是牡丹的著名产地，"洛阳牡丹甲天下"即是从此时开始的。北宋吴辅的《竹谱》，陈翥的《桐谱》，陈思的《海棠谱》，范成大的《范村梅谱》等都对重要的观赏花木做了专门的著述。元代佚名的《居家必用事类全集》(戊集)中就有农桑类、种蓺类、种药类、种菜类、果木类、花草类与竹木类 7 项与农事相关的分类，总结了当时的各项农业技术和种树盆栽之法(图 2-5)。

（3）游记、传记、笔记、著作等文献

《西京杂记》提到武帝初修上林苑时，群臣远方进贡的"名草异木"就有 2000 余种之多，并具体记载了其中的 98 种的名称。《汉书·朱博传》中说道，松柏具有营造威严、庄重、肃穆等气氛，标榜清正廉洁的双重功能。柏树在此时已享有"文武柏""苍官"等雅号。西汉时，御史与丞相、太尉合称"三公"，当时在御史府吏舍中，都成排栽种柏树，后世称

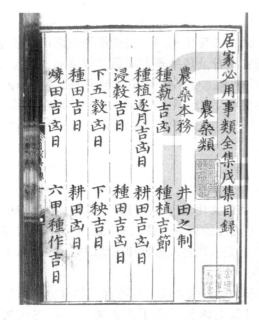

图 2-5　《居家必用事类全集》（图片来源：中国国家图书馆官网）

御史府为柏府、柏署、柏台。石崇在《金谷诗序》言其园中"众果、竹、柏、药草之属，莫不毕备"。《种树郭橐驼传》中"有问之，对曰：'橐驼非能使木寿且孳也，能顺木之天，以致其性焉尔。凡植木之性，其本欲舒，……'"以种树之理喻治理民之理。

唐代王仁裕《开元天宝遗事》载有御苑沉香亭前栽有木芍药，一枝并生二花，一日之中花色多变，被唐明皇称为"花妖"，贵族豪富也竞相仿效，杨国忠就建有"四香阁"，以沉香为阁，以檀香为栏，以麝香、乳香涂壁，逢牡丹盛开，便邀众宾客登阁赏花。宋人王十朋所著《岩松记》中有："友人以岩松至梅溪者，异质丛生，根衔拳石茂焉，非枯森焉，非乔柏叶，松身气象耸焉，藏参天覆地之意于盈握间，亦草木之英奇者。余颇爱之，植之瓦盆，置之小室。"这是有关松树盆景最早的文字史料。

《帝京景物略》是明代刘侗、于奕正共同撰写的历史地理类著作，详细地记载了明代北京城的风景名胜、民俗风情、园林文化、地理游记等。其中载有北京草桥的花农在当时京城所栽培的花木种类："右安门外南十里草桥，方十里，皆泉也。……土以泉，故宜花，居人遂花为业。都人卖花担，每辰千百，散入都门。入春而梅，而山茶，而水仙，而探春……"四时花木一应俱全，花木栽培盛况可见一斑。文震亨《长物志》卷二《花木》中有如下的记载："松、柏古虽并称，然最高贵者必以松为首。天目最上，然不易种。"说明松类，特别是天目松已经成为当时最高贵的庭园树种。

由于农业技术和印刷术的进步，明清时期的农书数量众多，其中花木类较著名的有王世懋的《学圃杂书》、高濂的《牡丹花谱》与《兰谱》、周文华的《汝南圃史》、计成的《园冶》、王象晋的《群芳谱》、陈淏子的《花镜》、王灏的《广群芳谱》、陆廷灿的《南树随笔》等。这些农书中都有众多关于花木栽植技术、园林应用、赏析等的著述。

（4）当代对历史典籍的利用

古树历史文化的挖掘和整理是一个系统工程，如何在浩瀚的典籍中，找到有价值的资料，需要研究者们和古籍保存单位的共同努力。

近年来，古籍收藏和管理部门在加快古籍资源转化利用，包括挖掘古籍时代价值、促进古籍有效利用、推进古籍数字化、做好古籍普及传播等方面做了很多有益的工作。2016年9月，国家图书馆"中华古籍资源库"开通运行。截至2021年年底，"中华古籍资源库"平台已经累计发布古籍及特藏数字资源10万部（件），实现免登录在线阅览。国家图书馆的中华古籍库资源，为学者们进行历史文化研究，提供了可以充分利用的宝贵资源。

2.2.2 神话传说

中国地大物博、历史悠久，在中华民族丰富的文化遗产中，神话传说是其中重要的组成部分，是传统文化思想源头之一。民间广为流传的神话传说，不仅数量众多，内容丰富，而且绚丽多彩，充满诗情画意和艺术魅力，是古代先民思想和智慧的结晶，反映了先民们的思维模式、自然观、人生观、世界观等。

神话是关于神仙或神化的古代英雄的故事，是古代人民对自然现象和社会生活的一种天真的解释和美丽的向往。传说是群众口头上流传的关于某人某事的叙述或某种说法。

中国人民自古以来对古树存有一种特殊的情感，人们尊敬它、崇拜它，延绵了数千年。以古树为题材的神话传说非常丰富，祖辈留传下来的民间古树故事，以树比物，以树喻人，生动具体，活灵活现，是宝贵的文化遗产。很多经典的神话传说都寄托了人们的各种美好情感。神话传说中承载的古树文化大致可以归纳为：树神崇拜、英雄化身、爱情象征、交往使者等。

①树神崇拜 中国自然审美观的形成经历了自然崇拜期、昆仑神话、神仙思想以及魏晋时期文人的隐逸文化期。在先民的原始崇拜中，因林木具有同山川相似的神性而成为人们的祭祀对象，并且占有重要的地位。古时立"社"以奉神，而"社"通常的标志即是"社树""社林"，它们常作为土神乃至祖先神的象征，在上古社会中具有崇高的地位。随后出现了被神格化的连接天地的建木，供太阳休息的东方圣木扶桑、扶木、桃都，可以驱邪的桃、桑，象征祥瑞、仁慈、爱情的连理木，代表喜庆之意的嘉禾、朱草等植物，在很多神话传说题材的史料中都有相关的记述。《山海经》中保存了大量的神话传说，其中有很多关于植物、树木的内容。在昆仑神话中，神木是当时人们崇拜与信仰的重要组成部分，因为有了林木，"王母"和"黄帝"居住的昆仑山中的"瑶池"和"悬圃"就成了更加美妙的神圣境地。又有"昆仑之虚，方八百里，高万仞。上有木禾，长五寻，大五围"。

②英雄化身 湖北武汉黄陂木兰山是花木兰将军故里，木兰山景区木兰花苑有株古山茶树。当地人为纪念巾帼英雄花木兰，传承"忠、孝、勇、烈"的木兰精神，称此树为"木兰树"。据记载，这株高大的古山茶树种植于明代万历年间，树龄近500余年。此树高10m，胸径38cm，每年3~5月，数万朵花相继盛放，是名副其实的"山茶之王"，极受当地老百姓喜爱。

③爱情象征 千年爱恋，生死相依。四川成都市蒲江县境内西来古镇的千年古榕树中，有一对奇特的"夫妻树"，两株分离的树干在离地约2m处合抱在一起，合抱处长出许多根须，交织缠绕，合抱处下方约10cm，两株树干又伸出两只长长的"手"紧紧相握。人

们见状往往感叹，患难夫妻，生死相依，在天化作比翼鸟，在地也为连理枝。

④交往使者 汉藏和亲事，文成公主柳。公元 7 世纪中叶，文成公主远嫁西藏松赞干布，从长安带来柳树苗，亲手种植于拉萨大昭寺周围，借以表达对柳树成荫的故乡的思念。藏族人民因怀念文成公主，十分爱护这些柳树，并把它加以神化。因此，这些树被称为"唐柳或公主柳"。后毁于大火，仅留下遗迹。但在布达拉宫后面可看到很多柳树，也足以说明西藏人民对文成公主的怀念之情。

神话传说中承载的古树文化的内容可以通过文献追踪、实地调研访谈等方式获得。由于很多神话传说都是民间百姓的口耳相传，因此很多内容需要进一步比对和考证。

2.2.3 诗词歌赋

在人类发展的进程中，我们的祖先一方面从大自然赠予的丰富的森林资源中获取了大量的生活财富；另一方面还在与之日夜相伴的绿色植物中获得了大量灵感，进而创造出了大量包含人生哲理和丰富情感的字、词、成语典故、诗词歌赋。从系列诗词绘画中，也可以寻找到古树的一些历史文化信息。

中国是一个诗的国度。早在先秦时期，中国就有了最早的诗歌总集《诗经》，这些远古时代留下的诗篇，千姿百态，内容丰富，像一幅幅生动的画卷，描绘出了 3000 年前我国先民们的生活状况及社会面貌。如《周南·桃夭》"桃之夭夭，灼灼其华。之子于归，宜其室家"。《小雅·鹤鸣》"乐彼之园，爰有树檀，其下维榖。它山之石，可以攻玉"。《卫风·竹竿》"淇水悠悠，桧楫松舟。驾言出游，以写我忧"。……一部诗经，半部植物辞典，在 300 余篇诗歌中，歌颂描述的植物就有 100 多种。先民们对各类植物从认知栽植到形象归纳，进而传意再现，随着农耕的进步而不断成熟完善，形成了中国特有的植物文化。

唐诗宋词是我国文化遗产中最值得自豪的文化瑰宝。唐宋先贤借用花草树木创作了大量诗词歌赋，明代张之象编录的《唐诗类苑》中收录了 1295 首咏颂植物的唐诗，其中花部 442 首，草部 120 首，木部 492 首。依诗篇的多少顺序排列为：柳（169 首）、竹（86 首）、松（77 首）、荷花（57 首）、牡丹（54 首）、梅花（52 首）、菊花（46 首）、桃（38 首）、樱桃（28 首）、石榴（28 首）、蔷薇花（20 首）、桂花（16 首）、桐（15 首）、芙蓉（13 首）、李花（12 首）、芍药（11 首）、杏花（10 首），10 首之下的花木尚有多数，可见当时栽培花木种类之多，人们爱其之深。

2.2.4 绘画

绘画是艺术的一种表现形式，而艺术又与文化紧密相连，同时又是历史的写照。历史有很多保存形式，可以是文字、器物、语言、绘画。而口语相传经历漫长的时间难免有失真实，文字历史只能追溯到商周时期，且由于种种缘由，文字历史仍然有无法传达之处。而绘画史可以追溯到上古时期，早在文字出现之前，石器时代的壁画便展现了绘画的萌芽。因此可以说，绘画所反映的历史既是对文字语言历史的补充，又是历史的一种存在。绘画是"重现"历史的重要依据，具有形象直观性及艺术性，是研究历史文化的宝贵资料。

古树是我国传统绘画艺术的重要题材。遗存在地表的千年古木，其根深叶茂、浑朴高迈、姿态万千、美不胜收，在中国人民心目中，这些古木已不是无情的草木，而是老而弥坚、苍而愈茂、自强不息的高尚品格的象征，常常激发艺术家的创作灵感。

历代画家的古树绘画作品，一方面再现了古木自然美的风采；另一方面艺术家通过托物抒怀，反映了人们的情感、意志和愿望，蕴含了朴素的自然观和环境观，在一定程度上表现了民族精神和时代气息。

著名的古树绘画包括宋初画家巨然的《秋山问道》《层崖丛树》、宋代郭熙的《树色平远图》、北宋王希孟的《千里江山图》、宋徽宗赵佶的《听琴图轴》、南宋"四大家"李唐所绘的《万壑松风图》、元"四家"之一的倪瓒名作《六君子图》、元代吴镇的《双松图》、元代黄公望的《富春山居图》、明代文征明的《古树飞泉图》、明代仇英的《桃园图卷》、明代陆治的《丹枫山色图》、明代朱瞻基的《莲浦松吟荫全卷》、明代蓝瑛的《仿古山水册》、明代项圣谟的《山水图》、明代沈周的《青绿山水轴》、明代傅山、傅眉的《山水花卉册》、明代后期董其昌的《古树幽斋图》《荒山古树》《画禅室小景》、明末清初王时敏的《南山积翠图》、清代金农的《古树》、清代查士标的《山水图》、清代恽寿平的《山水花鸟图册之山水》、清末溥杰的《古树晨烟图》、20 世纪著名书画大师齐白石的《古树归鸦》（见彩图 16）等。

2021 年江苏凤凰美术出版社出版了现代画家朱耕原所著的《历代树谱》，是以树木为主题的绘画技法资料，在国内属首次出版。作者从临摹的层面来梳理历代中国画中树的画风，图稿从晋代顾恺之的《洛神赋图》到北宋无款《松泉石图》，共 100 幅，每幅作品均清晰展现了各名画中画树的技巧与特征，同时附上文字介绍其技法精要。《历代树谱》通过对历代绘树画面的生动解构，揭示了中国传统书画艺术中的文化特征。

2.2.5　人物事迹

古树经历着风雨的洗礼，见证着历史的发展，历代名人与古树的故事源远流长，而这些人物事迹、重要事件又往往是通过历史典籍或传说等形式记载的。这类载体要着重从以下几个方面考察：①人物事迹的真实性与可信性；②观点和提法是否分寸恰当；③语言文字的表达上要具有思想性，在内容和思想上，应具有教育人、鼓舞人、教化人的作用。因此，在收集和调研中，特别要注意核实和考证材料的准确性。下面就列举一些有代表性的古树与人物事迹，学习感悟其中承载的文化内涵。

（1）孔子手植桧：教书育人，天下桃李

在山东曲阜市孔庙大成门石陛东侧，有一株圆柏（桧柏），树旁立"先师手植桧"石碑，石碑是明万历二十八年（1600 年）所立。如今，树冠依然亭亭如帷盖（见彩图 17）。相传，此树由中国古代著名的思想家、教育家、儒家学派创始人孔子亲手栽植。

旧有宋代书法家米芾撰写《孔子手植桧赞》碑立于树旁，现存孔庙东庑。明、清多有文人墨客，以孔子手植桧为题吟诗赞颂，如明人钟羽正在《孔庙手植桧歌》中赞叹道："冰霜剥落操尤坚，雷电凭陵节不改"；清代施闰章在《孔子手植桧》中颂扬："录桧无枝叶，虬龙百尺长。何人见荣落，终古一青苍。元年收东岳，孤根接大荒。迟回思手泽，俯仰愧升堂。"

（2）文天祥与指南树

南宋末年，丞相文天祥率军抗元不幸被俘，被囚禁在元大都北兵马司监狱，宁死不降，并写下了凛然正气的诗篇《正气歌》，不久英勇就义。相传囚禁期间，文天祥在此亲手种下一株枣树，这株枣树的主干向南倾斜，与地面呈 45°角，恰好与文天祥"臣心一片磁针石，不指南方誓不休"的诗句遥相呼应，称为"指南树"。

(3) 寻根祭祖——山西洪洞大槐树

元末时期，中原地区水患严重，蝗灾频至，河北、山东、河南饥荒严重，百姓非亡即逃，中原地区人烟稀少、土地荒芜。明初，朱元璋为了振兴中原，从山西大量移民到中原地区。为了避免外迁的人偷偷跑回来，当时要求百姓要更名换姓、分散落户。久而久之，人们也就忘记了故乡具体位置，只能以办理迁徙手续所在地的地标——山西临汾市洪洞县的大槐树为标记，这里也因此成了寻根祭祖的圣地。

2.2.6　文物古迹

古树本身就是一种文物。它与秦砖汉瓦、亭台楼阁不同，它是带有生命力的活文物。承载古树历史文化的文物古迹包括现存于世的各类古树、历史碑刻的文字记载，考古发现中古树相关的古迹、文物等。这些载体准确地承载了古树的各类信息，是研究古树历史文化的宝贵资源。

2.2.6.1　存世古树

存世古树包括古树群和古树。四川广元汉阳镇翠云廊景区自秦汉起栽植的翠云廊古柏群、北京天坛公园明代古柏群等，都是古树(群)中的珍贵历史遗存，这些古树群承载了厚重的历史文化内容。例如，四川广元汉阳镇古蜀道两旁的古树群——翠云廊，有 10 000 余株古柏，为秦、两汉、三国、南北朝、唐、宋、元、明、清各朝代的驿道古柏，历经 2000 余年。相传秦始皇统一中国后，以咸阳为中心，修筑通达全国的驿道，在道路两旁种上成排的松柏，用以显示天子的威仪，"道宽五十步，三丈而树"，人们把秦朝所植的树称为"皇柏"，这条道又名"皇柏大道"。历史上翠云廊有过七次大规模的植树活动，其中三国时期古蜀国张飞曾在翠云廊大规模植树。相传张飞当年任巴西(今阆中县)太守，令士兵及百姓沿驿道种树，至今民间还流传着张飞当年"上午栽树，下午乘凉"的故事和传说。据考证，翠云廊胸径 1.8m 以上的古柏当是"张飞柏"。翠云廊古柏能存至今日，与历代严令保护有很大关系。秦汉至唐就设有专人管理，后历朝历代剑州州官在交接任时，相互要清点行道树，把植树护路的情况作为一项政绩来考核，作为升迁的重要标准之一。正是历代官民的保护，"三百里程十万树"的景致才得以形成，使得翠云廊古柏延年益寿，生机盎然，茂盛苍翠，成为中华民族极为稀有的史诗般的历史文化载体群。

另外，还有留存下来的众多古树。如陕西黄陵县轩辕庙"黄帝手植柏"，山东曲阜孔庙的"孔子手植柏"、山东泰山岱庙汉柏院的"汉武帝手植柏"，北京东城区文天祥祠的"文天祥植枣"、广东中山县翠亨村的"孙中山植酸豆树"等。这些留下的众多古树，对于研究历史文化具有重要价值。

2.2.6.2　古树相关出土文物、碑刻等

现代考古学诞生以及取得的一系列重大考古发现，为更好认识源远流长、博大精深的人类文明发挥了重要作用，可以展现人类文明起源、发展脉络和灿烂成就。从丰富的考古资料和丰硕的研究成果中，可以寻找到与古树文化相关的有价值的历史文化资料。

（1）出土文物

在我国出土的 6000 年前的大汶口文化时期的陶尊，外表刻有树木纹样，下部不是盆钵而是圣坛（图 2-6），表现了古人崇尚自然以及对树木等自然物的崇拜。在河南省济源泗涧沟汉墓出土的陶制"桃都树"，树枝和树叶分明，通高 0.63m，雄鸡昂立于树顶，为我国典型的神树之一（图 2-7），可见当时崇拜桃都树之风盛行。陕西勉县红庙汉墓出土的铜质树形构造物，树身远比底座的山峦高大得多，山峦与树枝间遍布灵怪、鸟兽、人物和车马等，通过树体的高大和枝叶的繁茂，来表现树木的神性和先民对林木的崇拜。南京西善桥发掘出土的南朝墓中的"竹林七贤"砖刻壁画，形象地描绘了士人们游赏、休憩于林木之间的情景（图 2-8）。

 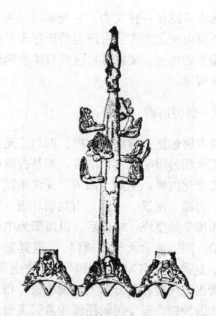

图 2-6　大汶口文化时期的陶尊外表　　　图 2-7　河南省济源泗涧沟汉墓出土的桃
　　的树木纹样（大众日报，2016）　　　　都树陶塑制品（河南省博物馆，1973）

（2）历史碑刻

历史碑刻，往往会对寺庙、历史名园中的经典古树有记载或记录，可以通过碑文等资料追踪比较准确地确定树龄等信息。例如，北京京郊现存 3 块清代保护树木的石碑，其中一块竖立在昌平区十三陵长陵的龟龙碑亭内，系顺治十七年（1660 年）十一月十七日为保护诸陵树木所立的石碑（图 2-9）。上书："上谕工部，前代陵寝神灵所栖，理应严为守护，朕巡幸畿辅道经昌平，见明朝诸陵殿宇墙垣倾圮已甚，近陵树木多被砍伐，向来守护未周，殊不合理！尔部即将残毁诸处尽行修葺，现存树木，永禁樵采！添设陵户，令其小心看守。责令昌平道官不时严加巡察，尔部仍酌量每年或一次或二次差官察阅，勿致疏虞。特谕钦此！"从碑刻中可以探寻关于明清时期古树的历史文化信息。

历史碑刻记录真实，但由于现存古代建筑遗迹稀少，古树碑刻更是稀缺，增加了考证工作的难度；且古代地方对古树的记录通常仅停留在居民之间的访谈估测，为古树立碑的现象较少，因此通过查找碑文记载了解古树信息存在着较大的难度。

图 2-8 "竹林七贤"砖刻壁画(南京西善桥南朝墓
出土拓片摹本)(钱澄宇，2011)

图 2-9 北京昌平区十三陵
长陵内的石碑

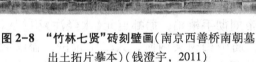

在中华民族数千年的历史长河中，古树文化是随着中国先民们的自然宇宙观、世界观、人生观和审美意识的发展，以及园艺栽培技术等的发展而逐渐形成与发展的，并根植于历史典籍、神话传说、诗词绘画、人物事迹、文物古迹等方方面面，具有文化考古、历史考证等多重重要价值，需要我们去挖掘、研究和传承发展。

2.3　古树文化属性的构成

五千年的华夏文化，光辉灿烂。在华夏文化的历史长河中，树木文化同样闪烁着耀眼的光辉。古树，作为树木的"长者"，是树木文化的重要组成部分，它丰富了中国文化的内涵，形成了别具一格的文化特征。以古树为题材的神话传说、人物事迹、历史典故、诗歌及绘画作品构成了我国丰富的人文资源。

概括起来，古树文化具有历史性、文学性、艺术性、社会性、地理环境属性。

2.3.1　历史属性

历史属性是古树文化的首要属性，历史性就是时间性。从古树分级的标准中可以看出，树龄越长，历史属性越强。金学智在《中国园林美学》中说道："古木的空间体量、形态似乎只是它的外观形式美，而悠久的时间价值则是其深厚的内涵美。"古树是"活文物""活化石""活档案"，是研究社会与自然等诸多学科领域的"活标本"，它蕴藏着丰富的政治、历史、人文资源，是一个城市、村庄乃至一个地区人文历史的见证。

古树的历史属性体现在：延续了悠久的生长历史，记录了大自然的环境变迁，承载了

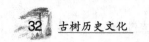

人民群众的乡愁情思，传承了人类发展的历史文化。

（1）古树延续了悠久的生长历史

古树之所以为古树，其中的一个重要特点是树龄长，这在古树的定义中能够体现出来。中国众多的古树名木，如果按朝代顺序排列，有商周银杏、汉柏、汉桑、晋杉、晋樟、六朝松、隋枣、隋梅、唐槐、唐楸、宋荔、宋海棠、元桂、元榆、明栗、明青檀、清杨、清柳等，可以编成一组新颖的"中国历史简表"。

（2）古树记录了大自然的环境变迁

古树是自然的产物，它们忠实记录了大自然的变迁，记录了山川、气候等环境巨变和生物演替的信息，因此，古树对于研究气候和环境变化规律具有重要意义。

（3）古树承载了人民群众的乡愁情思

我国人民自古以来对古树含有一种特殊的情感，人们尊敬它、崇拜它，这种情感绵延了数千年。祖辈流传下来的民间古树故事，每每涉及历史朝代和历史名人，以树比物，以树喻人，生动具体，活灵活现。

（4）古树传承了人类发展的历史文化

文化繁荣、世道太平，则古树参天、冠荫覆地；兵荒马乱、生灵涂炭，则伐树为车、焚林于烬。一棵古树就是一部史书，在特定历史时期，古树成为一个民族和地区发展的记录文本。如位于山东泰山脚下岱庙的汉武帝刘彻手植柏，据郦道元《水经注》引《从征记》云："泰山有上、中、下三庙，墙阙严整，庙中柏树夹两阶，大二十余围，盖汉武所植也。"说的是泰山的下庙即岱庙，5株侧柏为汉武帝刘彻东封泰山时亲手所植，距今已有2100余年的历史，古树历尽了世态沧桑，目睹历代王朝的更替，记述了千年史实。元代熊梦祥的《析津志》载："世皇建都之时，问于刘太保秉忠定大内方向。秉忠以今丽正门外第三桥南一树为向以对。上制可，遂封为独树将军，赐以金牌。每元会、圣节及元宵三夕，于树身悬挂诸色花灯于上，高低照耀，远望若火龙。"（朱祖希，2021）"元大内、都城轴线以'独树将军'为准，略成丙午之向，皆符合明堂制度。"大内方向即都城轴线方向，说的是刘秉忠奉命规划元大都，以拟建中的丽正门以南的一棵树确定大内方向，忽必烈予以批准，并封此树为"独树将军"，赐以金牌，元大都的中轴线由此确定。在元会（元旦大朝会）、圣节（皇帝生日）、元宵这三天晚上，"独树将军"被各色花灯扮成火龙。以树定城，说明树木重要至极，在古代建城史上留下了重要的一笔。

2.3.2　文学属性

古树的文学属性，是通过不同文学体裁、表现形式、主题与内涵的表达，把古树的外部特征和内在文化内涵呈现在文学作品中。自古以来，人类常会将自己的思想情感寄托于其他事物上，借以表达自己的精神追求，文人墨客通过挖掘植物的生长习性、形态结构和功能，并赋予其相应的性格属性，将自己的情感意志与植物性格巧妙结合，寄情于景，表达自己的思想情感。由于古树外在的古雅形态，以及内在蕴含的深厚精神品质和文化内涵，古今中外出现了众多关于古树的文学作品。

2.3.2.1　古树文学的表现形式

古树文学的表现形式，主要有成语典故、诗词歌赋、神话传说、著作文献等形式。具体包括诗歌、小说、散文、报告文学、民间文学、游记、剧本、曲赋、楹联、童话、成语、小品文、评书脚本、民间传说、乡土文学、寓言、通讯等。

（1）成语典故

古树成语是汉语词汇中定型的词，是中国传统文化的一大特色，有固定的结构形式和语法，表示一定的意义，在语句中是作为一个整体来应用的，如枝繁叶茂、冠大荫浓、根深蒂固等；古树典故指古树的典制和掌故，古树诗文中引用的古代故事和有来历的词语，具有教育意义且大众耳熟能详并公认的人物、事件，大部分从古代沿用至今，是一个故事或者一件事情，具有比喻引申意义而被广泛引用。如"遮荫侯"，相传一年盛夏，清乾隆皇帝前游团城，宫人摆案于树下，清风徐来，顿觉暑汗全消。乾隆十分高兴，当即封此树为"遮荫侯"。

（2）诗词歌赋

这是对我国传统文学的概称，基本概括了中国传统文化的精髓，尤其是传统文学的大成。例如，表现古树的诗歌，主要有以下几种：①借助树木树种的典型季节特征、树种的寓意来抒发某种感情。如清代顾炎武《又酬傅处士次韵》："苍龙日暮还行雨，老树春深更著花"。②借助古树古老沧桑的外在形象，表达哀愁伤感、追忆缅怀之情。如马致远的《天净沙·秋思》："枯藤老树昏鸦，小桥流水人家，古道西风瘦马。夕阳西下，断肠人在天涯。"③通过描写古树茂林来渲染幽深寂静的环境，用以寄托隐逸思想情怀。如唐代诗人王维的《过香积寺》有："不知香积寺，数里入云峰。古木无人径，深山何处钟。"④咏颂古树顽强的生命力和参天入地、苍郁葱茏的雄姿。如唐代诗人张籍的《古树》："古树枝柯少，枯来复几春。露根堪系马，空腹定藏人。蠹节莓苔老，烧痕霹雳新。若当江浦上，行客祭为神。"

（3）神话传说

这是民间传说中不可思议或超自然故事的统称。关于古树的神话传说，多以神话或民间传说的形式，将古树赋予一种力量来烘托主题或赋予某种精神寄托。如中国民间传说《牛郎织女》，主人公董永和七仙女相遇于老槐树下，老槐树开口说话，见证了他们的爱情故事；再如《山海经》中的十大神树、《西游记》中的人参果树、唐代《酉阳杂俎》以及《淮南子》中的月宫桂树等，都是关于古树的神话传说。

（4）文学著作

这是文学书籍和作品的总称。古树文学著作，包括以古树为创作题材的小说、散文、报告文学、纪实文学、剧本、剧小说、童话、寓言、通讯等。描写古树的散文，比如当代作家梁衡的《树梢上的中国》、李青松主编的《中华人文古树》，书中记录了中国大地上众多古树的历史兴衰，既具有文学视域下的审美阅读体验，又有厚重的人文理念与历史内涵；再如谢凤阳著的《中华古树大观》，系统全面介绍了160多种知名的古树和上百处蜚声海内外的古树群及其科学、经济、文化等方面的重要价值，属于普及古树生物学及古树养护科学技术的科学散文。

其他文学作品比如《安徒生童话》中的《老栎树的最后一梦》、《格林童话》中的《懒汉和神鸟的故事》等。还有戏剧（剧本）中的古树，往往被赋予一定的象征意义和神奇的力量，如《权力的游戏》中神秘的鱼梁木，有着雕刻面孔的古树成为旧神宗教的象征；《指环王》《雷神》以及宫崎骏的《幽灵公主》等影视剧本中古老的神树，都被赋予了神奇力量。

2.3.2.2 古树文学的表达方式

古树文学的表达方式分为记叙、描写、抒情、议论、说明。

①记叙　是作者对事物的经历和事件的发展变化过程以及场景、空间的转换所作的叙述和交代。如诺贝尔文学奖得主、日本作家大江健三郎创作的随笔集《在自己的树下》，大量采用记叙的手法。

②描写　是把描写对象的状貌、情态描绘出来，再现给读者的一种表达方式。如作家余秋雨对于古树有这样一段描写："枝干虬曲苍劲，黑黑的缠满了岁月的皱纹，光看这枝干好像早已枯死，但在这里伸展着悲怆的历史造型，就在这样的枝干顶端，猛地一下涌出了那么多鲜活的生命……"

③抒情　就是抒发和表现作者的感情。比如陈毅元帅的诗作《青松》："大雪压青松，青松挺且直。要知松高洁，待到雪化时。"描绘了老松在风雪中苍劲挺拔的景象，通过抒情手法歌颂了松树正直、朴素、坚强的品质。

④议论　是作者对某个议论对象发表见解，以表明自己的观点和态度。它的作用在于使文章鲜明、深刻，具有较强的哲理性和理论深度。

⑤说明　用简明扼要的文字，把事物的形状、性质、特征、成因、关系、功用等解说清楚的表达方式。比如中国林业出版社出版的《中国古树奇观》，荟萃了全国林木之精华，把我国东西南北中、上下五千年的古树，树种分属101科303属580种（包括变种），以客观说明的文学方式展现在人们面前。在该书中不仅可以看出我国林木兴衰的轨迹，而且收集了与古树相关的碑刻、诗词、名人轶事、民间故事等文史资料，展示了我国五千年来光辉灿烂的树木文化。

2.3.3　艺术属性

以孔子为首的儒家文化中的"比德"思想对中国的植物文化产生了很大的影响，他们将植物看作是品德美、精神美和人格美的象征。把树木等植物的某些特性作为"比德"的对象，反映在美学上就是社会美和人格美，在植物审美上强调美善结合，这就是中国古代植物的人文思想内涵。古树不仅仅是具有美丽外形的自然物，而且是老而弥坚、苍而愈茂、永远自强不息的崇高象征，更成为表现哲理，启迪智慧的艺术载体。古树已成为我国绘画、盆景、影视动漫等艺术表现形式的重要载体。

2.3.3.1　古树绘画的表达方式

在古树的艺术性表现中，绘画是最常用的艺术形式。在历代画家的古树绘画作品，一方面再现古树独特的自然美。遗存在地表的千年古木，其姿态万千，美不胜收，有的挺然高昂、意气凌云；有的虬枝横空、龙飞凤舞；有的叶张翠盖、荫及四方……古树这种独特的外表常常激发艺术家的创作灵感。如20世纪我国著名书画大师齐白石的《古树归鸦》（见彩图17），作品用古树、鸦群和幽静的山村，表现出秋冬山野清旷悠远的景色。另一方面，通过托物抒怀等手法，反映人的情感、意志和愿望，比如明代后期著名书画大师董其昌，其山水系列画中所绘的树木，枯荣相杂，不求逼真写实，只注重意象的表达，通过娴熟的笔墨来表现山水的神韵。

2.3.3.2 古树绘画的表现手法

在中国画、油画、版画、水彩画、水粉画等几大画种中，都有古树题材的作品，在我国，画作最多的属中国画，如在北京人民大会堂内部的 35 幅画作中，表达古树题材或有古树元素的国画就有 20 余幅，如黄廷海的《江山永固水长流》、侯德昌的《松涛深处听泉声》、刘晖的《迎客松》、陈清泉的《气壮山河》、王成喜的《报春图》、周秀廷的《松鹤颂》、刘海粟的《黄岳雄姿》、马晋的《孔雀松树》等。

2.3.4 社会属性

古树的社会属性是指古树自然属性之外所蕴含的对人类社会发展，特别是对维护良好的人类生存环境起到启迪借鉴作用的特性。

自然环境和社会环境是影响古树分布的关键因素，尤其是随着人类文明的出现，人和植物之间出现选择与被选择的关系，古树所具有的社会属性逐渐超越自然属性，成为一种重要的文化载体。古树以其丰富的文化内涵与社会环境之间发生广泛的联系，并相互影响。

2.3.4.1 古树的社会属性渊源

古树的社会属性源于古树崇拜。凡古树都有百年以上的树龄，能在如此长的时间内保持生命，除了其本身的自然属性以外，大都有其独特之处，或用于社稷祭祀，或因宗教信仰等，简单地说，其存活还得益于人类对树木的崇拜。

中国崇拜古树的习俗由来已久。从上古之时人类"构木为巢""钻木取火"（《韩非子·五蠹》），山林树木给人以安全感和神秘感，故大树古树常被顶礼膜拜、敬畏有加，对树木的初始崇拜自此开始。《路史》记载："柏皇氏姓柏名芝，是为皇柏。"西汉《急就篇》曰："古帝有柏皇氏，其后为柏氏。"柏姓的主要源头是柏皇氏，始祖为柏芝。说明人们对古老柏树极其崇敬，他们以柏为姓、视柏为图腾、将柏作为族团的徽号。《礼记·祭法》中载："山林川谷丘陵能出云，为风雨，见怪物，皆曰神。"于是便有神木、怪木等出现在华夏大地上，产生了所谓的"社木"。《汉书·郊祀志》记述了"高祖祷丰枌榆社"，枌榆（白榆）成为西汉的社木，成为汉代人精神之所系。有时还把社木植于宗庙、陵寝，以示永敬。陕西黄帝陵前 16 株汉柏就是在这样的文化传统下，得以长存。《新五代史·世家·越世家第七》载："镠游衣锦城，宴故老，山林皆覆以锦，号其幼所尝戏大木曰'衣锦将军'"，充分表现出了钱王对大树的崇敬。

在这样的社会氛围中，人们自然地产生对古树名木的崇拜，并把对自然、生命、未来的理解渗透在对树木的崇拜之中，从而表现出较强的社会属性，并体现在各种各样的社会现象中。

2.3.4.2 古树崇拜的表现形式

对古树的崇拜，主要表现在社稷崇拜、树神崇拜、佛教崇拜、图腾崇拜几个方面。

（1）社稷崇拜

社稷是国家的象征。社稷即堆土立坛，在坛上种树祭祀农神，祈求国事太平、五谷丰登。自西周始，历代王朝都选择各自认可的树木为社稷的象征，树木就成为社稷的标志，社与树融为一体，密不可分。作为社稷崇拜的主要树种包括松、柏、槐、榆等。《尚书逸篇》曰："太社唯松，东社唯柏，南社唯梓，西社唯栗，北社唯槐。"足见当时各种树木已成为区别社坛方位和大小的重要标志。

（2）树神崇拜

树神是在自然崇拜影响下形成的，在漫长的岁月中，人们发现和培植了树木，或者作为建筑、制造器物（如家具）的材料，或者作为燃料，或者作为食物（以其果实为食），或者作为装点风景的观赏物。树木、森林哺育了人类，世界上很多民族，对树木、森林都有一种特殊的感情，于是就产生了树神，树种多为一些参天老树。在许多民间传说中，凡是巨大的树木，人们都普遍会认为上边"住"有神灵，于是，为求得保佑，都少不了祈祷降福。人们根据各种树木的习性、特点、用途等方面的具体情况，将其与社会生活联系起来，借树神故事来抒发自己的生活情感，表达自己的理想愿望，或教育子孙后代，或陶冶性情。树神崇拜在世界各地普遍存在，如瑞典古老的宗教首府乌普萨拉有一座神圣树林，那里的每一株树都被看作是神灵；立陶宛人崇拜特异的橡树，向它祈求神谕；菲律宾的伊罗卡诺人、中非的巴索榕人、南斯拉夫的达尔巴提亚人在砍伐树木之前都要向树神献祭；菲律宾群岛上的伊格诺罗特人在每个村庄都奉有自己的神树。我国少数民族地区亦有许多树神崇拜的传统，如苗族、侗族、壮族、傣族、阿昌族、普米族等。

（3）佛教崇拜

佛教典籍浩若烟海，理论博大精深，说教、寓言、戒律、故事等无不和世间的树木花草、飞禽走兽有着千丝万缕的关联。在佛教的许多经典里都将自然界的树木花草提到很重要的地位，如在《佛说无量寿经》中，树木花草被认为是佛界天国世界中的重要元素。佛教创始人释迦牟尼从出生、苦行乃至圆寂几个关键时刻的环境，都与树木有关。佛经记载：佛祖释迦牟尼降生于一株无忧花树下，成佛于一株菩提树下，圆寂于两株婆罗树下。佛祖得道，圣及草木，在佛教中很多植物成为神圣和智慧的象征。僧侣们在修行场所寺院内外种植各种花草树木，佛教园林由此而生。在佛教园林中，植物因佛教而神圣，佛教也因草木意蕴丰厚，更添神秘色彩。

大凡古庙多古树，由于人们对宗教的信仰，使得寺庙周围的树木神化而免遭破坏，历代相传。现实中能保存至今的古树名木很多与寺庙及宗教有关，例如，埃塞俄比亚的教堂林是该国最重要的古树避难所之一；在意大利中部地区，大径级树木大多被保存在教堂周边的森林中；在东喜马拉雅地区，佛教的自然圣境保存着古老的植被和树木；在中国佛教寺庙中，常常保存有大量银杏、菩提树、榕树、罗汉松和无患子、竹、柳树等树种的古树个体，某些寺庙还选用当地代表性树种的树名来命名寺院，如北京潭柘寺、重庆双桂堂、广东六榕寺、河北柏林寺、长沙松柏寺、石家庄白果寺、天津蓟县桃花寺、成都白杨寺等。

（4）图腾崇拜

图腾崇拜是指人与某一图腾有亲缘关系的信仰。图腾是原始社会中作为种族或氏族血统的标志，并当作祖先来崇拜的某种动物、植物或其他物件，常用作本氏族的徽号或标志。古树的图腾崇拜是指人与古树有亲缘关系的信仰，我国历代具有树木与本氏族、民族有血缘关系的图腾崇拜的观念。

树木图腾崇拜具体表现为以下几个方面：

①以树木作为图腾名称

以树木为图腾作为姓氏　很多民族将自己的图腾名称演变为姓，汉族百家姓中有不少姓就源于图腾，少数民族也有类似情形。如斟姓的远古图腾为桑葚，曹姓的远古图腾为枣，姚姓的远古图腾为桃。彝族现有的姓氏大多数都由图腾演变而来，后转化为人的姓氏，如以榕树为图腾的氏族均姓"白"，以棠梨为图腾的氏族多姓"李"。

以树木为图腾作为地名　殷墟卜辞中的"林方"，泛指殷人周围的民族中以"林"为图腾的民族和部落；古时称"桑林"的地方，即是以桑树为图腾的氏族定居地；古代地名中称"桃林"者不在少数，同样也是以桃树为图腾的氏族定居地。我国历史上沿袭至今的桂林、榆林、柳州等城市的名称，均与当地古代先民崇奉某一种树木为图腾的遗俗有历史渊源。

以树木为图腾作为官职称谓　我国历史上自商周以始，历代都有与其管理职能相对应的职官关系，如据专家考证，古代的"公""伯"两个邦君的称谓，其源盖出于"松""柏"两个图腾，即"公""伯"两个邦君由以松、柏为图腾的两个氏族首领演变而来。

②以树木作为图腾标志

以树木为实体的图腾柱　我国最早有史可考的图腾柱是少皞氏的鸠图腾柱。中华民族共同的图腾柱，便是古老的华表，华表在古代又称"诽谤木"，表示王者纳谏或指路的木柱，用今天的语言表达，华表木柱称得上是人类最早的舆论监督工具。

以树木为象征的图腾旗帜　图腾旗帜为图腾标志的一种，古今中外都大量存在，当今世界上不少国家的国旗和国徽上都有树木图案。如加拿大的国旗上有一枚枫叶，枫叶是加拿大的国树；海地的国旗上有一棵高大挺拔的棕榈树；黎巴嫩的国旗中有一棵雪松，雪松是黎巴嫩的国树；韩国国徽上的植物是木槿花，同时也是其国花。

以树木为氏族部落象征的图腾树　我国有许多少数民族把一种或几种树木作为本氏族、部落的图腾树，对其顶礼膜拜，四时享祭。据《淮南子·时则训》记载，我国古代四时郊祭，每个月份都有不同的季节树作为祭祀的图腾树：正月为杨树，二月为杏树，三月为李树，四月为桃树，五月为榆树，六月为樟树，七月为楝树，八月为柘树，九月为槐树，十月为檀树，十一月为枣树，十二月为栎树。

其他　反映树木图腾崇拜的还有：以树木或林地作为图腾胜地的图腾文化现象；以树木为护身符的图腾文化现象等。

基于以上几种古树崇拜的表现形式，具体反映在社会生活中，包括文化性、寄托性、教化性、象征性、文学性、艺术性等现象。这部分内容在第 6 章中进行详细介绍。

2.3.5　地理环境属性

地理环境对我国传统环境哲学观的形成有着重要影响，从而影响人居地理环境的堪舆，大到都城规划、皇家园林布局、陵寝坛庙设计，小到民居村落选址等，无一不蕴含着传统环境哲学观的理念。古树是人类聚居地最具标志性的生物体，从保留下来的珍贵古树资源和其所处的环境中，能够了解、洞察和认识人与环境的关系以及该地域的人文环境特征。

古树的分布除了受大的环境气候影响外，其分布与人类的文化活动密切相关。在中国，寺庙、墓园、宗祠等文化场所是古树集中分布地，在这些场所中，长期以来，人们形成了以朴素生物学和生态学为核心的营造理想人居环境的思想和方法，如出于改善环境的目的，人们常常在宅基、墓地、村口、宗祠、寺庙等场所种植和保存树木作为生态树。例如，江西婺源古村落大都有上千年历史，每个村子都有林木庇护村庄、挡风固沙、调控着村落的小气候，同时也为下游村庄涵养了水源；武当山道观存有银杏、水青树、桂花、天竺桂等古树，宫观庇蔽于林木间，古树垂萝、清静幽深，为道人提供了亲近自然、返璞归真和静心修炼的理想环境。这种利用植物配置改变生态环境的理论，体现了人与自然环境协调的环境哲学观。

从中国传统的环境哲学观的角度，研究古树在中国的古典园林、寺观坛庙、陵寝、民居村落、宗祠等的布局形态，可以为现代人居环境建设提供借鉴。

小　结

古树作为人们生产、生活、生态历史见证的载体，被赋予了独特的精神品质和人格化特征，形成了多元的文化现象。本章解读了古树被赋予文化属性的原因，介绍了记录古树文化的载体，系统陈述了古树文化属性的几个方面。本章是后续5章的基础内容，后续5章将详细介绍古树的文化属性——历史属性、文学属性、艺术属性、社会属性和地理环境属性。

复习思考题

1. 试分析古树有哪些景观特征使其具有文化属性，并举例说明。
2. 试分析古树承载了哪些生产、生活、生态的历史见证，并举例说明。
3. 记录古树及其文化的历史典籍有哪些？各有什么特点？
4. 记录古树的神话传说有哪些形式？可以分成几种类型？
5. 古树的文化属性包括哪几个方面？

第**3**章

古树的历史属性

本章提要

本章聚焦古树的历史属性。第一，介绍古树承载的历史属性的主要特点；第二，从我国树木文化发展简史入手，按照萌芽期、定型期、集成期、现代期4个阶段简要介绍我国先民对树木认知与利用的历程；第三，追溯古树历史须明确其栽植或自然萌发的年代，介绍了科学论证、文献追踪、碑刻追踪、实地勘测、类比推断、仿古估测6种古树历史溯源的方法；第四，对人文历史古树中名人手植古树及与历史故事相关的古树进行了梳理；第五，给出历史最悠久的银杏、柏、松、槐、杉、榕、樟等代表性古树列表。

历史，指对人类社会过去的事件和活动，以及对这些事件行为有系统的记录、研究和诠释。树木是自然界生命周期最长的生物物种之一，被科学家称为"活着的自然史书"。古树用活的机体记录着历史，包括自然的演替、环境的变迁、文化的更迭，是历史发展的重要佐证，是研究气象学、地质灾害、环境科学等自然科学历史的重要依据。现存古树中，人工栽植者居多，古树往往与对人类文明发展有重大意义的历史人物、历史事件、历史现象联系在一起，是研究有关历史的活史料。

3.1 古树历史属性的特点

"历史属性"是关于"过去"的多元文化观念。历史性重点研究历史事件、历史人物、历史现象以及历史发展的基本线索和阶段特征。古树的历史属性表现为时间性、过去性和具体性。

3.1.1 时间性

时间性是指事物在某一段时间内才有效、有意义或有作用的特征。古树的时间性，是古树的根本属性，古树之所以为古树，是指其形成的时间较长（至少需要100年）。银杏是较早出现的树木，可追溯到石炭纪。其后，松柏目植物，如南洋杉、松树、冷杉、雪杉、落叶松、刺柏、巨杉等裸子类植物便相继出现。第二次(2015—2021 年)古树名木资源普查结果显示，全国普查范围内古树名木共计 508.19 万株，其中树龄 5000 年以上的古树 5 株。

3.1.2 过去性

历史是已经发生的人类社会实践活动，指的是过去的人和事。过去性无法改变，也不能重演或再现，而历史遗迹、文物、古树(活的文物)、文字记载等均可为我们了解历史、理解其演变规律提供重要的佐证。

3.1.3 具体性

历史人物、历史事件和历史现象都是在特定的时间、地点、条件等历史背景下产生的，是具体的、活生生的、独一无二的。古树历史挖掘必须明确时间、地点、人物、事件等，从具体的历史事实出发，讲好古树故事。

3.2 我国树木文化发展简史

我们的祖先很早就在与自然共处的过程中掌握了丰富的树木学知识。农业栽培、医药研究、园林营建、园艺栽培等活动都极大地促进了我国古代学者对树木的认知以及应用。

我国树木文化发展历史大致可以分为 4 个时期：萌芽期(先秦)、定型期(秦~唐)、集成期(宋~清)、近现代期(清以后)(冯广平等，2012)。

3.2.1 萌芽期(先秦)

先秦(旧石器时期~公元前 221 年)是指秦朝建立之前的历史时代，经历了夏、商、周等历史阶段。先秦时期相当于树木文化产生和成长的幼年期。这一时期人们形成了对树木生长习性、适生环境、栽培驯化等的初步认知，全方位将其应用于生产、生活的各个方面，并赋予树木多种文化意向。主要表现为栽培驯化、创造文字、表征礼制、生态认知、比德君子、诗歌吟咏、植物学研究等。

3.2.1.1 完成由采集到栽培的转变

从新石器时代开始，人类与树木就发生了紧密的联系。经过了漫长的采集、渔、猎时代，原始农业开始萌芽，果树成为较早驯化、栽培的树种。陕西半坡遗址新石器时代出土文物显示，早在公元前 4000 年左右，我们的祖先就采集栗、榛等果树的果实食用；我国最早的诗歌总集《诗经》中，对原产我国的桃、李、梅、杏、榛、栗、枣等果树的栽培均有记述；我国最早的记录农事的历书《夏小正》记载：最晚战国至两汉间，栗、梅、桃、杏、桐已被选作物候标志，成为常见的栽培树种。

3.2.1.2 以树市为基础创造文字

甲骨文是最早的成体系汉字，盛行于公元前 14 世纪~前 11 世纪，是晚商文字的一种载体。在甲骨文中，古人已开始以"木"为基础创造文字。甲骨文中的"木"字为象形文字，下部是根，上部是枝干，中间连以主干。甲骨文中从"木"的文字已考证出来的包括桑、栗、栎、

图 3-1　以树木为基础创造的文字(甲骨文)(徐中舒，2014)

柏、杜、朳、楚、杞等。其中"桑"字象形枝繁叶茂，"栗"字象形多带刺的果子(图 3-1)。

3.2.1.3　用作礼制建筑的代表事物

我国礼制起源于新石器时代。磁山文化位于河北省邯郸武安磁山村，在其祭祀坑中出土了黑弹树、榛、核桃化石，说明前仰韶时期树木已用作礼制的表达和象征。

"社""稷"分别指祭祀土神和谷神的场所及建筑。先秦时期各朝代都选择适合的树木作为社稷的象征，树木成为社稷的标志。夏人植油松于"社"，作为祭祀的木主。《周礼·地官司徒》记载："设其社稷之壝而树之田主，各以其野之所宜木，遂以名其社与其野。"即周代官员负责设立各国社稷的壝坛，以树作为社神、稷神凭依之物，分别选择当地乡土树木种植，并用树作为社和地方的名称。《论语·八佾》："哀公问社于宰我。宰我对曰：'夏后氏以松，殷人以柏，周人以栗'。"即土地神的木主，夏朝用松树，商朝用柏树，周朝用栗树。

陵墓是礼制建筑的重要类型。陵墓上的树木经历了自然植被到人工种植植的转变过程。据《周礼·春官宗伯》记载："以爵等为丘封之度与其树数。"说明早在西周时期就有根据墓主生前爵位的等级决定其坟墓的高低大小及种植树木的种类与数量。

3.2.1.4　具备了树木生态学智慧

在长期的生产活动中，古人积累了树木生态方面的宝贵经验。成书于战国时代的《管子·地员》反映了先秦时期我国学者对于树木与土壤及地理环境的关系已有较深入的认知。《管子·地员》叙述各种土地对农林生产之善恶，是较早的研究土地与植物的专著。书中第三、第四部分分别论述了随山体高度变化和随土地干旱程度变化的适宜植物种类(图 3-2、图 3-3，表 3-1)。该著作反映出先秦时期人们已经积累了丰富的植物学、土壤学、生态学知识，具备了朴素的尊重自然的生态智慧。

表 3-1　《管子·地员》中描述的生态山地及其生长植物(李约瑟，2006)

术语	估测高度(尺*)	代表性		地下水位深度(尺)
		植物	树木	
山之上：悬泉	6000~9000	茹茅、蘆	橋	2
山之上：複婁	5000~6500	女莞、犹	山柳	3
山之上：泉英	4500~6000	山蕲、白昌，白莒	山杨	5
山之材	1500~4500	苳、蔷藤	櫃楸(椵)	14
山之侧	150~1500	萱、婁蒿	枢榆	21

────────────

*　1 尺 ≈ 0.33m。

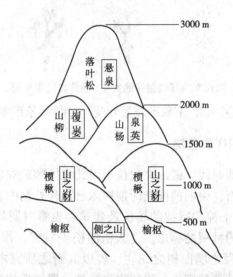

图3-2 《管子·地员》中描述的生态山地及其生长植物（李约瑟，2006）

图3-3 《管子·地员》中描述的不同干旱程度土地及其生长植物（李约瑟，2006）

3.2.1.5　成为君子比德的喻体

将花木用于比喻君子之德的思想起源于商代。春秋时期，孔子最早开始以树比德，开启了中华民族花木比德的开端。《荀子》："松柏经隆冬而不凋，蒙霜雪而不变，可谓其'贞'矣。"松成为比喻君子刚正不阿、坚贞不渝的喻体。

3.2.1.6　成为文学作品吟咏的题材

《诗经》是我国最早的诗歌总集，收集了西周初年至春秋中叶（前11世纪～前6世纪）的诗歌共305篇，其中有135篇出现了植物。据清代徐鼎《毛诗名物图说》介绍，《诗经》中记载树木名54种，涉及的树木主要为北方树种，出现频率最高的植物分别是桑、黍、枣，分别为20次、17次、12次。

《诗经》中的诗歌往往以植物起兴，凭借植物的特性及其景观，来更好地表达人们的情感与观点。如"桃之夭夭，灼灼其华。之子于归，宜其室家""昔我往矣，杨柳依依。今我来思，雨雪霏霏"，充分反映了在周代，人们即对一些植物的种类、特性有了较充分的认知，并将其与生活、艺术联系在一起。

3.2.1.7　开启了植物学研究的开端

《山海经》成书于战国时期至汉代初期，是一部上古社会的百科全书，系统记载了全国各地山水地理、风物特征，其对于植物的记载与研究是我国植物学研究的开端。《山海经》共记载有明确名称的植物共 211 种。描述植物时明确指出其是草本还是木本，每种植物不仅对其特征进行简短描述，还通过与其相似植物的比较来进一步阐述，这反映当时人们已具备植物分类学的意识。书中记载了 89 种药用植物，对其在不同的环境、人文作用下而产生的生物方面的特异性差异进行了初步探究。《山海经》反映出战国时期我国对于植物的认知在当时是较为先进的。

3.2.2　定型期（秦~唐）

定型期相当于秦、汉至隋、唐时期。本时期中国民族除短暂处于分裂（三国、西晋、东晋时期），大部分时期都处于统一中，国力强盛。魏晋南北朝时期完成的民族大迁徙、大融合促进了南北、东西文化的交流与传播，形成了多种文化兼收并蓄的局面。树木文化在此时期开始定型，在医药、造园、文学、艺术等多个领域中有较大的进展，形成我国特有的植物文化现象。

3.2.2.1　对先秦典籍的注释

《尔雅》是我国第一部"词典"，成书于战国或两汉之间，由诸儒广泛搜求，逐步增益而成。"尔"代表"近"，"雅"代表"正"，这里专指"雅言"，即在语音、词汇和语法等方面都合乎规范的标准语。释木、释草两篇对木本、草本植物词语作了注解。共收录植物名称约 300 种，其中木本植物 100 种。如"枞，松叶柏身。桧，柏叶松身。"《尔雅·释木》首次尝试规范树木名称，对树木文化的发展有重要影响。

三国时期出现了对《诗经》中的动植物进行注释的动植物专著。三国·吴·陆玑著《毛诗草木鸟兽虫鱼疏》对《诗经》中的动植物进行了系统考证。该书收录动植物共 160 种，其中植物 94 种，包括木本植物 38 种，草木植物 56 种（杨茼，2012）。对诗中涉及植物的名称（通称各地方名称）进行了考证与说明，并对植物作了具体形象的描述。该书反映了三国时期的生物学水平，对后世产生了深刻影响。

3.2.2.2　用于城市及园林建设

古典植物造景始于春秋时期，以自然景观和天然林为主，较少人工栽植树木。秦、汉时期起，树木除用于农业种植外，也开始大量应用于园林建设。人们在重要的城市道路两侧栽植树木作为行道树；在皇家园林中栽植品种多样的观赏树木营造园林景观；在寺庙中栽植具有宗教文化特色的树木以烘托宗教氛围；在城市公共空间、官署府衙、私家庭院中广植树木，营建绿树围绕、芳草如织的生活环境。

秦驰道是以咸阳为中心的、通往全国各地的国道。《汉书·贾山传》记载："为驰道于天下，东穷燕齐，南极吴楚……道广五十步，三丈而树，厚筑其外，隐以金椎，树以青松。"驰道中间三丈之路，属皇帝专用，其两旁列植松树作为行道树。西汉长安，晋洛阳，南朝建康，北魏平城、洛阳，隋唐长安、洛阳等历代帝都道路两侧均栽植行道树。北方以槐、榆居多，南方则柳、槐并用。西汉长安城街道"三途并列"，夹道种植有槐、榆、松、杨等树木。北魏洛阳，谷水所经，两岸多植柳树。南朝建康，都城南 5 里*许，两侧有高墙，夹道开御沟，沟旁植槐、柳，宫墙内侧种植石榴，殿庭、三台、三省列植槐树，宫城外城壕边种植橘树。隋东都洛阳中央御道宽 100 步，路两侧植樱花、石榴各一列。

汉上林苑是汉武帝在秦上林苑基础上扩建而成的中国历史上最大的皇家园林。上林苑地域辽阔，天然植被丰富，其中也人工栽植了大量树木，"得朝臣所上草木二千余种"。见于文献记载的有松、柏、桐、梓、杨、柳、榆、槐、檀、楸、柞、竹等用材林，桃、李、杏、枣、栗、梨、柑橘等果木林以及桑、漆等经济林。上林苑中还引种了相当丰富的亚热带、热带种类，如安石榴等。

佛教在西汉末年传入中国，至魏晋南北朝时期得到了空前的发展，建造了大量佛寺、石窟、佛塔，由城市及其近郊而及远离城市的山野地带。魏晋南北朝至唐时期，佛教寺院也成为城市居民主要的娱乐场所之一。《洛阳伽蓝记》中记载：永明寺"房庑连亘，一千馀间，庭列修竹，檐拂高松，奇花异草，骈阗阶砌。"正始寺"众僧房前，高林对牖，青松绿柽，连枝交映。多有枳树而不中食。"在当时的寺庙建设中，主要的殿堂庭院、僧房庭院，均遍植树木，有松、杨、柑橘、竹等，体现佛寺宗教氛围的同时也具有"禅房花木深"的生活气息。

这一时期，私家园林的营建也有较大发展。自然式植物配置成为园林造景的重要手段。东晋时期，文人陶渊明在《归园田居》中描写其私家庄园："方宅十余亩，草屋八九间。榆柳荫后檐，桃李罗堂前……狗吠深巷中，鸡鸣桑树颠。"其私家庄园显示出宁静朴素、天人和谐的居住情调。在这一时期，柳、槐、榆、桃、李、桑、梨、石榴、梅均是私家园林常用的园林树木。

3.2.2.3 成为文学作品的吟颂题材

秦以后，文学艺术作品的数量和水平都有了较大的提高，以树木为吟诵题材的文学作品大量出现，其中以汉赋、唐诗最为引人注目。如西汉文学家孔臧作《杨柳赋》，西汉文学家、政治家司马相如作《上林赋》《梨赋》，南朝齐文学家王俭作《和萧子良高松赋》，北魏文帝曹丕作《槐赋》，北魏文学家曹植作《槐赋》，唐诗人、书法家贺知章作《咏柳》，唐诗人杜甫作《古柏行》，唐诗人张籍作《古树》，唐诗人白居易作《杨柳枝词八首》《惜牡丹二首》，唐官员、文学家韩愈作《枯树》等。

3.2.2.4 形成树市文化类书的规范体例

唐代徐坚编纂的《初学记》是最早系统完整地描述树木文化的著作，原为唐玄宗诸子作文时检查事类提供方便。其取材于诸子群经、历代诗赋及唐初诸家作品，保存了很多古代典籍的零篇单句，是唐代水平最高的官修类书。全文分 23 部，其中果木部、木部阐述了树木的文化内涵。《果木部》包括李、柰（苹果）、桃、樱桃、枣、栗、梨、甘、橘、梅、石榴 11 种果树，《木部》包括松、柏、槐、桐、柳、竹。

《初学记》23 部中又分 313 个子目，其创新了类书的体例。先为"叙事"，次为"事对"，最后是"赋""诗"等各体诗文。与树木相关的子目中，"叙事"汇集各种资料考证其名称、

---

* 1 里 = 500m。

古籍记载、品种、栽培历史等，提供相关树木知识；"事对"列出对偶式典故，考证其出处，供作诗文时选择；"赋""诗"收录或节选当代或当代名家的咏颂树木或佳句或诗文片段。《初学记》创建的体例对后世类书影响很大，著名著作《群芳谱》《广群芳谱》体例均在此基础增减而成。

3.2.2.5　本草学大发展

东汉时期，对中药学起到奠定基础作用的《神农本草经》问世，成为我国本草学研究的开端。以《神农本草经》为基础进一步扩充，在魏晋南北朝时期出现了一批重要的本草著作。其中，较重要的有南北朝时期齐梁陶弘景完成的《本草经集注》。

隋唐时期本草学的发展又迈进了一大步，现存大部分本草学著作都是从隋、唐时期的本草学著作衍生来的。其中较重要的著作是成书于 659 年的《唐本草》，又称《新修本草》。《新修本草》是中国最早的通过国家法令集撰并颁布的官修药典，也是世界上最早的药典。该书载药 844 种，首创绘制药物图谱，使本草学著作图文并茂，此后的本草学著作均沿用这一体例。《新修本草》出版后，在国内流行了 300 多年，其间传到日本，对日本本草学影响深远。

3.2.2.6　出现南方、境外植物志

从战国时期开始，随着我国领土的变化，南北文化交流的增多，人们对南部植物的研究热情逐渐高涨，对东南、西南地区及国外植物的专类研究开始出现。较重要的有朱应的《扶南异物志》，康泰的《扶南传》《吴时外国传》，房千里的《南方异物志》，刘恂的《岭表录异》，孟琯的《岭南异物志》等。嵇含的《南方草木状》成书于西晋，是一本记录岭南植物（包括部分从国外移入已驯化植物）的植物学专著，是世界现存最早的地方植物志。宋以后，该书被众多花木谱、地方志、本草著作所引用，是中国植物学史上一部有影响力的重要著作。

3.2.3　集成期（宋~清）

集成期相当于宋代至清代这一时期。两宋时期，经济、农业、手工业和商业都有所发展，科学技术取得了巨大进步，产生了活字印刷等伟大的发明，活字印刷术对宋及以后本草学、植物学等的研究起到了重要的促进作用。元代，农业与工商业受到了较大的破坏，发展缓慢。到了明代，工商业又得到了迅速的恢复和发展，对外贸易也十分繁荣。清代乾隆时期农业、手工业和商业达到了极盛期，而后趋于衰退。在与树木相关的本草学、植物学研究方面，宋代有较大建树，元代有所衰弱，明、清时期继承并发展，使其达到了最高峰。这一时期植物文化具有显著的集成性和多样性。

3.2.3.1　树木文化集成

北宋初年编纂的百科全书性质类书《太平御览》、小说性质类书《太平广记》在先代类书及其他典籍的基础上集成，其关于树木文化的内容广征博引，是宋代树木文化集成之作。

《太平御览》由李昉领衔编纂，成书于太平兴国八年（983 年），全书 1000 卷，分 55 部，选材上自南朝梁代、下至五代，作品近 2 万篇，被称为"类书之冠"。书中收录树木 285 种，含木部 126 种、竹部 38 种、果部 67 种、香部 23 种、药部 21 种、百卉 10 种，内容包括树木的性状、分布、栽培、园林、诗文、故事、典故等。

《太平广记》由李昉领衔编纂，成书于太平兴国年间，全书 500 卷，选材自汉代至宋初的纪实故事，是中国古代第一部文言纪实小说总集。其中 406~417 卷为植物文化部分，辑录树木有关的故事、典故共 172 则，含木 46 则、异木 36 则、蘸蔓 6 则、木花 30 则、果 53 则。《太平广记》是唐代《初学记》以后又一部对后世的树木文学乃至文化影响十分深远的类书。

3.2.3.2　本草学的集成

两宋时期，印刷术的发明及政府对本草研究的重视，促使本草学研究相较唐代又有了较大的进步，数量极大地增加。宋代重要的本草学著作包括刘翰和马志的《开宝本草》，掌禹锡的《嘉佑补注神农本草》，苏颂的《本草图经》、唐慎微的《经史证类备急本草》等。其中最具影响力的是唐慎微的《经史证类备急本草》，全书 32 卷，60 余万字，规模宏大、内容丰富、药物众多、方药并举，是我国宋以前本草学集大成之作。

元代学者对本草学研究的兴趣逐渐减弱，到明代又有所恢复并继续精进。明代李时珍的著作《本草纲目》问世，将我国本草学研究推至顶峰。《本草纲目》于 1596 年刊行，全书 52 卷，对药物广泛收载，多达 1897 余种，其中 374 种为新增，附图 1000 余幅。《本草纲目》收载植物类药物达 1094 种，分草部、谷部、菜部、果部、木本 5 部，对我国 16 世纪以前的本草学进行了相当全面的总结，辑录保存了大量古代文献，纠正了前人的错误，提出了当时最先进的药物分类法，在植物学、动物学、矿物学、物理学、天文学、气象学方面均有广泛的论述，为世界科学发展作出了重要贡献。

3.2.3.3　园艺植物学集成

①专类植物谱　宋代起，人们对园艺的兴趣日渐浓厚，出现了专门对某一种类植物进行研究的专著。这类专著的研究对象多以园艺为目的，以观赏植物为主，数量众多，包括牡丹专谱、芍药谱、柑橘谱、梅谱、海棠谱、桐谱、荔枝谱等。对牡丹的研究热情最高，从宋代开始一直持续到清代，有超过 20 本相关著作。对专类植物的研究表明，我国在当时对牡丹、柑橘、梅、荔枝等专类木本植物的品种繁育、栽培技术、文化传播方面已有了较深入的研究。

②综合性花谱　综合性花木谱最早出现于南北朝、齐、梁间，由无名氏所作的《魏王花木志》。唐代有王芳庆所著的《园林草木疏》、李德裕所著的《平泉山居草木记》。至宋代，以园艺为目的的综合性花木志大量增加。南宋陈景沂 1256 年所著的《全芳备祖》是宋代花谱类著作集大成者，学者吴德铎先生誉其为"世界最早的植物学辞典"。明清时期花卉栽培渐盛，达到高潮。这一时期涌现出大量花卉专类书籍，综合性的著述也较多，主要有高濂的《草花谱》、王象晋的《群芳谱》、刘灏的《广群芳谱》、陈淏子的《花镜》等。

3.2.3.4　野生（救荒）食用植物学集成

明代起，为缓解因周期性食物短缺而形成的饥荒，植物学家们开始研究野生食用植物。《救荒本草》是一本以救荒为主要目的，结合食用的地方性植物志，由明太祖朱元璋第五子周定王朱橚所著。《救荒本草》记载植物 414 种，配有精美的木刻插图，其中木类 80 种。书中还附有详细目录，列出已证实有益健康的可食植物的各个部位。《救荒本草》拓展了植物学研究的范围，是中国食用植物学的代表作。

3.2.3.5　古典植物学集成

我国古典植物学集大成之作是由清代吴其濬于 1844 年、1847 年先后完成的植物学专著《植物名实园考长编》和《植物名实图考》，将我国植物学研究推上顶峰。其中，《植物名实图考》共 38 卷，收载植物 1714 种，其所记植物地域范围之广、种类之多，都远远超过历代本草。书中对植物的形态、颜色、性味、功用(着重药用价值)、产地、品名等做了较详细论述，并配有精准的附图 1805 幅。《植物名实图考》对植物名称和实物进行了考证，使植物名与实一致，对植物学分类提供了宝贵的资料，在学术上影响很大。迄今不少国家的图书馆都收藏此书。与历代本草著作不同，《植物名实图考》摆脱单纯的实用性，向纯粹的植物学著作过渡，很接近现代的植物志，为后人提供了宝贵的资料。

3.2.4　近现代期(清以后)

明代后期，"西学东渐"运动开始，西方先进的植物科学理论向中国传播，中西方文化交流进一步加强，催生了中国近代植物学。新中国成立之前，我国已具备较为完善的植物学研究和教育体系。新中国成立以后，1959 年中国科学院成立《中国植物志》编辑委员会。2006 年出版的《中国植物志》，收录维管束植物 3 万多种，是迄今世界卷数最多、种类最丰富的植物志巨著；于 1983 年出版的《中国树木志》第一卷，历时 22 年，于 1985、1997、2004 年出版的《中国树木志》二、三、四卷收录我国原产及引种树 179 科，近 8000 种，是我国树木学研究的巨著。

3.3　古树历史溯源

进行古树历史溯源，就必须鉴定古树树龄。古树年龄的论证对古树等级界定及古树保护起着至关重要的作用。影响古树寿命的因素很多，主要包括两个方面即内因和外因：内因是树木本身的遗传因子、树种的差异；外因是树木生长的地理环境、树木生长的立地条件、不同时期的气候变化、外来的人为干扰(破坏)等。对古树准确年龄的鉴定必须经过翔实、细致的考证与研究。

追溯古树的栽植年代，论证其树龄的方法主要有以下几种。

3.3.1　科学论证法

3.3.1.1　年轮鉴定法

树木年轮是指木本植物茎的次生木质部横切面上木质疏密相间的同心圆环。古树年轮鉴定法为根据树木年轮数目来推测古树树龄的方法，是鉴定树木年龄最常规的方法之一。通常情况下，一年产生一环生长轮，因此可根据年轮数目，推测树木年龄。

年轮鉴定法所得推测较为准确，但采样的过程却难以避免对古树造成伤害，对于树干朽空的衰老古树也无法采用年轮鉴定法进行推测。且这种方法只适合四季分明的地区，热带地区的树木不能用年轮定年。如果一年中气候无规律变化，将会形成假年轮现象。

3.3.1.2　C14 测定法

该方法是指通过测量树木样品中 C14 衰变的程度鉴定树木的年龄。其原理是：生物在生存的时候，由于需要呼吸，其体内的 C14 含量大致不变，生物死去后会停止呼吸，此时体内的 C14 开始减少，人们可通过其 C14 含量来估计它的大概年龄。在古生物或文物的年代鉴定中，C14 测定法是极为经典的方法。但是由于树木的年龄太短（一般只有几百年），而 C14 半衰期为 5730 年，仪器难以检测到 C14 微小的变化（衰减）。因此，这种方法对于时间跨度较大树木的测试结果相对精确。

3.3.2　文献追踪法

对于年代久远的古树，地方历史文献资料（如地方志、族谱以及历史名人游记等）对当地古树名木通常存在相关的文字记载。因此，通过查阅文献资料可以推测这些古树的大致年龄。文献追踪调查法优势在于实施方式简单快捷，通过一般的文献查找和数字推算就能得到所需要的结果，其准确程度有赖于当时文献记载的精度，也取决于个人分析处理文献数据的水平和能力。

例如，岱庙汉柏相传是汉武帝刘彻所植。北魏郦道元著《水经注》记载："泰山岱庙柏树夹两阶，大二十围，盖汉武所植也。"据此推断，岱庙汉柏树龄 2100 余年。

又如，湖南城步古杉人工林，据该村苗族村民欧阳氏族谱记载：其先祖于东晋永和年间（345—356 年）到此地"傍杉林落户"，杉木林是东晋建武年间（317—318 年）"骆人插种"，可估算该古杉林应有近 1700 年的历史。科技工作者用生长锥加之 C14 测定古杉林树龄得到的结果是 1600 余年，两种方法推算的古树树龄非常接近。

文献追踪法的使用局限性主要表现在以下几个方面：①资料缺乏，调查所需的地方历史文献搜寻难度较大；②古今地名的变更及环境的变迁，增加了地理考证工作的难度；③准确程度有赖于历史文献的精准度；④记载中的古树未必是现存的古树。

3.3.3　碑刻追踪法

处于寺庙、历史名园等地方的经典古树，可以通过碑文等资料追踪来确定树龄。例如，泰安岱庙后寝宫殿前两侧台阶下各有一株苍老的银杏树，均为雌株，两树挺拔强健，冠如华盖，被列入世界自然遗产名录。据《重修岱庙履历记事碑》记载，两株银杏树系清康熙八年（1669）重修岱庙时所植，其树龄 300 余年。

但由于现存古代建筑遗迹稀少，古树碑刻更是稀缺，且古代地方对古树的记录通常仅停留于居民之间的访谈估测，为古树立碑的现象较少。因此增加了考证工作的难度，想通过碑文记载了解古树年龄并不容易。

3.3.4　实地勘测法

实地勘测须获取古树所在地理条件资料并收集有关材料，分析测试古树形态及生理指标，并运用研究者的专业基础知识，根据所测古树的生长状况、形态特征、外观老化程度、树种的生物学特性及相关的测量结果对其进行综合分析，判断其树龄。该方法的优点在于方法常规，测试费用低廉，操作简便。但精确度比年轮测定法差，测试者的经验及熟练程度对测试结果往往有较大的影响。

3.3.5　类比推断法

类比推断法指在野外调查中，根据以往在相同（或气候地理背景相似）地区古树样本测量数据的统计资料，分别统计不同树种、不同年龄段所得的平均值，以此作为计算以及年轮判读的经验值的方法。该方法的准确度与类比数据的可靠性有关，而后者又与测试样本的数量有关。另外，在不同的地区或不同的时期，往往需要对经验值进行修正和相关的检验分析。此法的优点是可以利用计算机辅助手段进行数据处理和统计分析，缺点是所测对象的树龄是间接分析的结果，与实际情况可能有一定误差。

3.3.6　访谈估测法

通过实地考察，走访当地老人来推断古树的大致树龄。在一些乡村地区，古树对当地居民的观念意识和精神世界有较大的影响。古树往往成为一个村的标志和图腾象征。百姓尤其是村中老人对古树的历史比较了解。对于古树的各种传说，也一定程度上提供了推测古树年龄的参考资料。

综上所述，通过"科学论证法"能够准确地确定树龄，可信度高，对古树历史溯源有重大价值；"文献追踪法""碑刻追踪法"有较大的可信度；"实地勘测法""类比推断法"存在一定的误差；"访谈估算法"可信度较低。

3.4　古树与人文历史

古树是寿命最长的物种之一，作为自然生态的代表，它们也见证了人类丰富多彩的人文发展历史，以其独特的人文底蕴，成为闻名遐迩的文化象征。以下通过名人手植古树、古树与历史事件，简单介绍我国历史上著名的历史人物、重要的历史事件与古树的交集。

3.4.1　名人手植古树

中华民族特有的"天人合一"的自然生态观使古人爱护树木，以植树纪念、励志和教育后世。历代皇帝、官吏、学者、僧人有不少手植树木记录，植树地点多为名山、衙署、故宅、寺庙、园林等地。历史名人手植古树是研究历史人物生平及相关的历史、文化、民俗、宗教等的"活的史料"，具有重要的人文历史价值。以下摘录部分历史名人手植的古树（表3-2）。

表 3-2　部分中国古代名人手植古树表（根据《中国树木奇观》《北京皇家园林树木文化图考》整理）

朝代	树名	植树人	位置	树种中文名	树高(m)	胸径(m)
上古时期	轩辕柏	黄帝	陕西黄陵县黄帝陵轩辕庙内	侧柏	19	3.5
春秋	孔子手植桧	孔子	山东曲阜市孔府	圆柏	16.57	0.67
战国	城固古银杏	扁鹊	陕西城固县老庄镇徐家河村	银杏	16.8	2.39
秦末	项王手植槐	楚霸王项羽	江苏宿迁市宿城区	槐	10.2	1.23

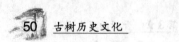
（续）

朝 代	树 名	植树人	位 置	树种中文名	树高（m）	胸径（m）
秦末汉初	子房沟大树王	汉留侯张良	陕西柞水县凤凰镇子房沟	杜梨	20	3.0
	城固汉柏		陕西城固县鲜家庙乡许家山村	干香柏（6株）	10.5（最大）	0.99（最大）
	汉中神桂	汉酂侯萧何	陕西汉中市南郑县圣水寺	桂花	13	2.32
	汉柏凌寒	—	—	侧柏	11.5	1.08
西汉	挂印封侯	汉武帝刘彻	山东泰安市岱庙	侧柏	10.5	1.34
	古柏老桧			侧柏	6.5	1.4
	赤眉斧痕			侧柏	12.5	1.27
	岱峦苍柏			侧柏	12.5	1.13
	昂首天外			侧柏	13.5	0.48
东汉	天师洞古银杏	道教创始人张道陵	四川灌县青城山天师洞	银杏	30	2.23
三国蜀国	龙凤二师柏	蜀汉桓侯张飞	四川德阳县罗江镇庞统祠	侧柏	8.5	1.0
东晋	独秀山神樟	晋书法家王羲之	浙江嵊州县黄郎地村	樟树	38	3.3
南朝	刘勰故里银杏	唐文学家刘勰	山东省莒县东莞镇沈刘庄	银杏	31.5	1.51
唐	唐太宗手植槐	唐太宗李世民	甘肃甘谷县六峰乡觉皇寺村兴国寺	槐	16	2.34
	药王山古柏	唐孙思邈	陕西耀县孙塬乡孙思邈庙	侧柏	12.6	1.24
	铜川古七叶树	唐高僧玄奘	陕西铜川县金锁乡玉华村	七叶树	18	1.0
	大昭寺古柳	唐文成公主	西藏拉萨市大昭寺（存枯干）	垂柳	—	—
	柞水古银杏	唐高宗李治	陕西柞水县石乡东甘河干沟村	银杏	43	2.60
	辋川古银杏	唐尚书右丞、诗人画家王维	陕西蓝田县辋川乡鹿苑寺村	银杏	26	1.72
	略阳古银杏	唐诗人李白	陕西略阳县清河乡小学	银杏（2株）	28 / 20	2.29 / 0.91
	杜甫手植柏	唐工部员外郎、诗人杜甫	甘肃成县杜甫草堂	侧柏	16	0.64
	唐明皇手植槐	唐玄宗李隆基	陕西兴平市马嵬镇黄山宫	槐	8.15	1.22
	贵妃石榴	贵妃杨玉环	陕西临潼县骊山乡华清池	石榴	8	0.51

（续）

朝 代	树 名	植树人	位 置	树种中文名	树高(m)	胸径(m)
五代十国	吴越王柏	吴越王钱镠	浙江金华市太平天国侍王府	圆柏 龙柏	25 25	0.96 0.61
宋	醉翁亭宋梅	北宋龙图阁学士服枢密使，文学家欧阳修	安徽滁州琅琊山醉翁亭	梅 （萌蘖再生）	6.5	—
	宜兴古海棠	北宋龙图阁学士礼部郎中、文学家苏轼	江苏宜兴市闸口乡闸口村	垂丝海棠 （原根株萌生）	3.5	—
	同安古榕	南宋徽国公理学家朱熹	福建同安县小盈岭	榕树	20	1.9
	侯城书院古圆柏	南宋丞相兼枢密使文天祥	江西吉安县固江镇侯城书院	圆柏	12.5	0.91
	文天祥手植柏	南宋政治家、文学家文天祥	江西吉安县侯城书院	柏	13	0.91
宋末元初	张三丰手植榕	道教武当三丰派祖师张三丰	重庆铜梁县郭计都山	榕(4株)	10	1.90
明	文征明手植紫藤	明书画家文征明	江苏苏州太平天国忠王府	紫藤	—	—
	明成祖手植柏	明成祖朱棣	北京市劳动人民文化宫	侧柏	13.5	—
	唐寅手植罗汉松	明画家唐寅	江苏苏州古城西郊太平山	罗汉松	14	0.70
	徐霞客手植罗汉松	明地理学家、旅行家徐霞客	江苏江阴马镇南阳岐村	罗汉松	8	0.90
	王阳明手植柏	明哲学家王阳明	贵州修明县阳明洞	柏(两株)	28 28	0.76 0.75
	徐渭手植紫藤	明代书画家、明文学家、戏曲家、军事家徐渭	浙江绍兴大乘弄	紫藤	—	—
清	纪晓岚手植海棠	清政治家、学者纪昀	北京市虎坊桥纪昀饭庄	紫藤 海棠	— —	— —
	格桑嘉措手植光核桃	第七世达赖喇嘛格桑嘉措	西藏拉萨罗布林卡	光核桃	—	—
	洪秀全手植龙眼	太平天国领袖洪秀全	广东广州花都区大布乡官禄布村	龙眼	6.7	—

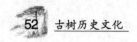

（续）

朝 代	树 名	植树人	位 置	树种中文名	树高(m)	胸径(m)
中华民国	孙中山手植马尾松	中国民主革命先驱孙中山	广东广州越秀区白云山南麓黄花岗烈士陵	马尾松	17	0.70
	毛主席手植板栗	中国国家主席毛泽东	湖南浏阳文家市镇湘龙村	板栗	7.6 8.0	0.7 0.42

3.4.2 古树与历史事件

一些古树与国家大事息息相关，见证了家国传奇、名人故事等，成为研究历史、名人、历史遗址等的重要资料。

陕西黄帝陵轩辕柏，保留着我国人文初祖轩辕黄帝开拓中华民族历史文明的遗迹；山东泰山的"秦松"和"汉柏"，见证了秦始皇、汉武帝的泰山封禅；西藏大昭寺，藏王松赞干布与唐文成公主合植的"唐柳"，书写着藏、汉民族团结的佳话……表3-3为部分与历史事件相关的古树。

表3-3 部分与历史事件相关古树表（根据《中国树木奇观》《北京皇家园林树木文化图考》整理）

类 别	树 名	位 置	树种中文名	树高(m)	胸径(m)	相关历史事件
家国情怀	莒县古银杏	山东莒县定林寺	银杏	24.7	5.0	树龄4000余年。公元前715年，鲁隐公与莒国使者于树旁会盟
	天下第一槐	河北邯郸涉县固新镇固新村	槐	29	5.41	树龄2000年。传秦攻赵时，曾歇兵树下；一说唐吕洞宾曾于树下修道，有先天古槐，后世小仙之语
	护王槐	陕西临潼县晏寨乡胡王村小学	槐	23.5	2.44	树龄2000年。《临潼县志》载，汉高祖逃离鸿门宴，曾于树下藏匿，平安归营。后人称为"护王树"
	黄陵挂甲柏	陕西黄陵县黄帝陵	侧柏	17	1.59	又称"将军树"，树龄2300年。《史记》记载，公元前110年，汉武帝北巡朔方凯旋来，祭黄帝冢，祭奠之前脱下铠甲，挂甲柏上，以示虔诚
	马武挂鞭树	甘肃渭源县莲峰山	青杆	45	1.22	树龄2000年。东汉建武16年（公元40年），杨虚侯马武征西羌，屯兵首阳山金莲峰，挂兵器于树上，后山改名马武山
	博望坡古柘树	河南方城县博望镇	柘	9.3	0.7	三国建安十一年（公元211年），刘备以火攻击败夏侯惇等。此树为当时火攻的遗存

（续）

类别	树名	位置	树种中文名	树高（m）	胸径（m）	相关历史事件
家国情怀	拧拧柏	甘肃徽县伏镇中坝村	侧柏	20	2.48	县志载柏树南指汉中，北抵岐山，为诸葛亮北征路标
	武侯墓柏	陕西勉县武侯墓	柏木	35.2	1.27	经实测树龄1700年。建墓时植柏54株，今存22株。嘉庆《忠武侯墓志》：武侯祠与墓多柏，祠凡64株，墓凡54株……相传为蜀汉炎兴三年（公元265年）植
	张飞拴马树	山东寿光县槐乡园宁国寺遗址	槐	10.8	1.1	树龄2000年。树旁原有唐褚遂良竖槐碑，碑载：东汉末黄巾军管亥围困北海相孔融。刘备诛管亥，救孔融，张飞拴马于宁国寺古槐
	宋太祖黄袍加身古槐	河南封丘县陈桥镇	槐	4	1.72	宋太祖赵匡胤黄袍加身时，曾拴马于古槐，是"陈桥兵变"的历史见证
名人轶事	系牛柏	陕西周至县楼台观宗圣宫	侧柏	14	1.15	传老子于此讲学，系牛树上。树旁存元代志元15年（1278）安西王曾遣人雕刻石牛
	二将军柏	河南登封嵩阳书院	侧柏	20	4.19	汉武帝刘彻来嵩山加封中岳后亲封三棵侧柏为将军柏。此柏最大，为"二将军柏"
	南乐古槐	河南南乐县近德固乡留固店	槐	15.0	1.33	传汉光武帝刘秀拴马树
	太白古楷	陕西太白县鹦鸽药竖权村	黄连木	16	1.54	传汉光武帝刘秀拴马树
	邺都古柏	河北临漳县倪辛庄乡靳彭城村	圆柏	19	1.72	树龄1700年，东汉末年，曹操赴南校场阅兵，曾在此树栓马
	即墨挂甲树	山东即墨市移风店乡张家	酸枣	4.6	0.29	唐太宗挂甲树
	太宗饮酒柏	陕西长安县内苑乡酒务头村	侧柏	16	1.0	树龄1000年。传唐太宗李世民饮酒树下
	千佛山唐槐	山东济南市千佛山山腰	槐	5	0.35	唐时秦琼拴马树。原树已枯，枯干中萌新树
	触奸柏	北京市太庙	侧柏	12	1.74	传元代国子监祭酒许衡植。明奸相严嵩代皇帝祭祀，经此树下，狂风骤起，吹动树枝掀掉了乌纱帽。后人认为此树可辨忠奸
	北海唐槐	北京市北海公园	槐	12	1.89	乾隆爱树，发现此槐年代久远。为保护古树，在树侧修筑园林，取名古柯庭。他常来此读书赋诗，写过多首赞美古槐诗

3.5 历史悠久的经典古树

我国古树树种很多，南北方差异较大。北方最常见的古树树种为银杏、柏、松、槐；南方最常见的树种为杉、榕、樟等。以下列举7类古树中历史最悠久或体量最大或知名度最高的古树案例5个，通过对比，可大致了解各树种最古老古树树龄的情况，包括年代、树高、胸径及其文化内涵。

3.5.1 柏

柏，松柏目柏科侧柏属，是我国分布最广的常绿乔木树种之一，中国最长寿树种之一。柏科古树在北方古树中所占比例高。以北京为例，根据2017年北京市古树资源调查数据显示，北京共有古树40 527株，其中侧柏22 350株，占古树总数的55.15%；圆柏总数5535株，占古树总数的13.66%，二者占北京古树总量的68.81%。

柏树有万古长青之意，由于四季常青、岁寒不凋、斗霜傲雪，有着品格高尚、健康长寿、坚贞不屈等寓意。自古以来，人们对柏树充满了崇敬，不仅保护天然的柏树林，还在陵墓、坛庙寺观、风景名胜、祠堂等广为栽植。古代陵寝种植林中以柏树纯林最为常见，《三辅黄图》载："汉文帝灞陵，不起山陵，稠种柏树。"杜甫《蜀相》中"丞相祠堂何处寻，锦官城外柏森森"的诗句生动描写了柏树在诸葛亮祠堂周围广为种植的场景。全国范围内，以古柏群为主要栽植对象的名胜古迹众多。北京天坛、曲阜孔林、泰山"柏洞"、陕西黄帝陵、北京十三陵都保留大量古柏树。

从远古时代开始，柏树就是祖先开拓中华文明的见证。陕西黄帝陵轩辕庙轩辕柏，是中华民族祖先轩辕黄帝所植，已有5000多年历史。台湾阿里山圆柏树龄达4000年左右，有"亚洲树王"之称。树龄超过3000的周柏包括山西晋祠"周齐年柏"，河南嵩阳书院的两株"将军柏"。春秋、战国、秦、汉时期留存的柏树也很多。现存树龄2000年左右的古柏中，有很多被称为"汉柏"。泰山岱庙内"汉柏院"内共有汉柏5株。唐代是佛教发展的高峰期，很多著名的"唐柏"养护在寺庙中，如河南嵩山少林寺初祖庵、浙江宁波天童寺、广东梅县灵光寺等，都有植于唐代的古柏。宋以后留存的古柏数量很多。表3-4为我国历史悠久的经典古柏树。

表3-4 历史悠久的经典古柏树

序 号	树 名	科 属	别 称	树 龄	树高(m)	胸径(m)	说 明
1	陕西黄帝陵轩辕庙侧柏	柏科侧柏属	轩辕柏	5000余年	19.3	2.49	传为轩辕黄帝所植，目前世界最古柏树，"世界柏树之父"
2	陕西商洛市洛南县页山村侧柏	柏科侧柏属	栖霞柏	5000余年	23.1	2.46	陕西省最大的古柏树
3	河南郑州登封嵩阳书院侧柏	柏科侧柏属	二将军柏	4500余年	20	4.19	传汉武帝于元封年(公元前110年)游嵩山时，御封为"二将军"

（续）

序号	树　名	科属	别　称	树　龄	树高(m)	胸径(m)	说　明
4	山西太原晋祠侧柏	柏科侧柏属	齐年柏	3000余年	17.44	主干直径 1.77	与晋祠难老泉、侍女像，合称"晋祠三绝"
5	北京市密云区新城子城北门外侧柏	柏科侧柏属	九搂十八杈	3500余年	18	2.60	北京树龄最长的古树

3.5.2　银杏

　　银杏，银杏科银杏属，裸子植物。世界中生代孑遗的稀有树种（活化石），目前银杏科仅存1科1属。在新生代第四纪由于冰川期的原因，中欧及北美等地的本科树种完全绝种，仅存于中国。银杏于宋代时传入日本，18世纪中叶由日本传入欧洲，再由欧洲传至美洲。

　　银杏在佛教、道教中被认为"圣树"，寺观、祠堂等古建筑中保存大量的古银杏树。如四川灌县青城山著名道观"天师洞"的银杏相传为道教始祖、东汉天师张道陵所植，树龄1800余年；陕西长安县祥峪乡观音堂、王庄乡百塔寺的古银杏，据《长安县志》记载，树龄均超过1400年；山东曲阜孔庙诗礼堂、崂山太清宫，浙江莫干山天池寺的古银杏均为宋代遗物，树龄近千年。现今流传下来的银杏树树址很多都曾经建有寺庙，如北京门头沟斜河涧村银杏，其所在地为金代广化寺遗址；北京密云巨各庄古银杏所在地是元代香岩寺遗址。

　　山东即墨等地发现有巨大的银杏硅化木，再现了史前时期银杏森林景观。现存古银杏中，有商、周、春秋、战国、秦、汉时期的遗物。汉代以后、宋代以前的千年以上古银杏在全国各地留存很多。表3-5为我国历史悠久的经典古银杏树。

表3-5　历史悠久的经典古银杏树

序号	树名	别　称	科、属	树龄	树高(m)	胸径(m)	说　明
1	山东日照莒县浮来山定林寺银杏	古老银杏第一树	银杏科银杏属	3700余年	26.0	4.09	世界上最古老的银杏树，已载入《世界吉尼斯大全》
2	山东临沂市郯城县新村广福寺银杏	老神树、天下第一银杏大雄树	银杏科银杏属	2000余年	37.6	2.45	据文献记载，植于西汉永光年间，距今2000余年，是全国树龄最长的雄银杏
3	贵州福泉县黄丝乡李家湾村	天下第一银杏	银杏科银杏属	1000余年	42	4.79	我国银杏中胸径最大者。2001年8月，载入吉尼斯世界纪录
4	安徽徽州区潜口乡唐模村银杏	徽州古银杏	银杏科银杏属	1300余年	>20	2.51	伴随了古徽州从古到今，有着与徽派文化等量齐观的历史
5	北京密云区巨各庄乡塘子小学内银杏	北京银杏王	银杏科银杏属	1300余年	25	2.3	古树所在地为元香岩寺遗址。碑文载："此树植于唐代以前。"推断其树龄为1300年

3.5.3　槐

槐树，是中国槐的简称，豆科槐属，落叶乔木。槐是长寿树种，耐寒、耐旱、耐贫瘠、抗逆性强，是我国华北、西北生态环境的优势树种。

最迟在周代，槐树已作为庭院树和行道树进行人工栽培。汉代都城长安，街道两旁都栽有槐树，太学院附近因槐树多而被称为"槐市"。唐代长安城街巷也以槐树为主要行道树，"绿槐十二街，涣散驰轮蹄""轻衣稳马槐荫路，渐近东来渐少尘"，生动描写了槐荫覆盖的街巷景观。唐高宗、唐玄宗两位皇帝泰山封禅，沿途植槐树以增皇威。这种习俗在唐以后沿袭下来，多在寺观衙署内广植槐树。

槐寿命很长，2000年以上少见，千年以上较常见。河北省涉县固新村槐树，树龄2000余年。河南陕县观音堂古槐，相传为汉代所植，树龄2000余年。河南封丘陈桥驿"宋太祖黄袍加身殿"古槐、河南开封朱仙镇清真寺古槐、河南开封繁塔西北角古槐，相传均为宋代遗物。表3-6为我国历史悠久的经典古槐树。

表3-6　历史悠久的经典古槐树

序　号	树　名	科、属	别　称	树　龄	树高(m)	胸径(m)	说　明
1	甘肃崇信县铜城乡关河村槐树	豆科槐属	崇信国槐王	3200余年	26	3.24	因一树多生，被认为是"神树"。尉迟敬德曾拴马树下
2	河北邯郸涉县固新村槐树	豆科槐属	天下第一槐树	2000年	29	5.4	据传与晋祠"齐年柏"同龄，为槐中之最
3	江苏省宿迁城南郊项王故里槐树	豆科槐属	项羽手植槐	2200余年	10.2	1.2	据《江南通志》记载，为项羽亲手所植
4	河南陕县东观音堂镇七里村槐树	豆科槐属	七里古槐	2000余年	24.4	2.55	专家取其枯枝上的横断纹进行研究，推断其树龄
5	山西省白云县云台乡冯家山村槐树	豆科槐属	三秦第一槐	2000余年	15	3.85	躯干下端形成一个硕大的天然树洞

3.5.4　松

松科是裸子植物门中最大的科，有10个属230多种，其中松属就有90多种，松属也是整个裸子植物门中最大的属。在温带地区，松属植物不仅种类多，而且往往形成浩瀚的林海，因此被誉为"北半球森林之母"。

我国有爱松的文化传统，自古文人多崇拜松树，有绚丽多彩的松文化史。松树的人文涵义及与松相关的人文典故使其成为中国传统园林造景中常用的树种。拙政园"松风水阁"取古琴曲《风入松》以及南朝陶弘景"特爱松风，庭院皆植松，每闻其响，欣然为乐"的文化典故。保留下来的大规模古松林在风景名胜区、皇家园林中也较多。如承德避暑山庄现存933株树龄200年以上的古松，在清代皇家园林中古松林规模最大，康熙皇帝命名的景点"万壑松风"生动描写了避暑山庄的古松林胜景。庐山也以古松著称，有"黄山松、华山松、金钱松、马尾松"等。泰山古树也以松树最多，著名的有"六朝松""望人松""秦松"等。

目前，我国千年以上松罕见，百年以上松树数量众多。表3-7为我国历史悠久的经典古松树。

表3-7　历史悠久的经典古松树

序　号	树　名	科　属	别　称	树　龄	树高(m)	胸径(m)	说　明
1	安徽池州九华山闵园黄山松	松科松属	凤凰松	1400余年	7.68	1.00	史料记载见于南北朝。是九华山一大景观
2	安徽省黄山景区松树	松科松属	迎客松	1300余年	10	0.64	黄山景区标志性景观，黄山"四绝"之一
3	北京门头沟永定镇戒台寺白皮松	松科松属	九龙松	1300余年	18	2.07	戒台寺"五大名松"之一，华北地区最大的白皮松
4	内蒙古准格尔旗川掌乡油松	松科松属	内蒙古油松王	900余年	25	1.34	当地蒙汉群众将此树奉为"神树"，称为"松树爷"
5	北京市北海公园团城油松	松科松属	遮荫侯	800余年	20	1.03	相传植于金代，清乾隆皇帝御封"遮荫侯"

3.5.5　杉

杉树，杉科杉木属，常绿乔木，外观树干端直，树形整齐。杉树是我国特有的裸子植物。

杉树生长迅速，一二十年即可成才，但与一般速生树种不同，它寿命很长，200年树龄的杉木，胸径仍能维持一定的年生长量。表3-8为历史悠久的经典古杉树。

表3-8　历史悠久的经典古杉树

序　号	树　名	科　属	别　称	树　龄	树高(m)	胸径(m)	说　明
1	美国加利福尼亚州红杉国家公园巨杉	杉科巨杉属	雪曼将军树	2500年左右	83.8	11.1	世界最大的树(已知体积最大的现存单体树木)
2	湖南省城步苗族自治县杉树	杉科杉木属	东晋人工古杉	1600余年	26.0	2.25	生长锥与C14测量测算树龄
3	浙江省景宁畲族自治县沙湾镇陈田村柳杉	杉科柳杉属	柳杉王	1500余年	47.0(主干被雷击，现28)	4.47	世界上最大、最古老的柳杉，称为"柳杉王"

（续）

序 号	树 名	科 属	别 称	树 龄	树高(m)	胸径(m)	说 明
4	福建省福州市鼓岭柳杉	杉科柳杉属	福州柳杉王	1300余年	25.5(树梢曾被雷击)	3.2	此树分作两枝主干，群众称其一为"王"，另一为"后"
5	福建省漳平市永福镇李庄村水松	杉科水松属	漳平水松王	1300余年	20.1	3.1	传居住这里的李姓祖先刚迁来定居时所植

3.5.6 榕

榕树，桑科榕属常绿乔木，主要分布在热带、亚热带地区。榕树叶茂如盖，四季常青，老树常有锈褐色气根。榕树可以形成独木成林的景观，奇特雄伟。

榕树的"榕"与"容"谐音，加之其树干分枝多，树冠大，有"有容乃大""博大胸襟"等文化寓意；在潮汕地区，由于"榕"在潮汕方言中的发音同"成""承"或"诚"，被赋予了有所成就、承前启后、真心真意的寓意；榕树树体高大，独木成林，被人们看作家族、宗族兴旺发达的象征。在我国广东、广西等地区，至今还有"有村就有榕，无榕不成村"的景象。

榕树人工栽培历史悠久，多作行道树和庭园绿化树种。福州又名榕城，榕树在福州城市建设中发挥了重要作用。史书记载，五代十国时期闽王王审知筑夹城扩土地，为编户植榕奠定土地基础；北宋著名园艺学家蔡襄，在闽南积极倡导植榕；北宋张伯玉，"令通衢编户浚沟六尺，外植榕为樾，岁暮不凋"，这项"编户植榕"的政策，使福州"熙宁以来，绿荫满城，行者自不张盖"。

从目前发现的古榕来看，我国年龄最大的榕树是广西崇左宁明县明江镇洞廊村高山榕，树龄1700余年。广西阳朔"隋榕"，树龄1300余年。福建同安小盈岭3株古榕均为朱熹手植，树龄已有800余年。表3-9为我国历史悠久的经典古榕树。

表3-9　历史悠久的经典古榕树

序 号	树 名	科 属	别 称	树 龄	树高(m)	胸径(m)	说 明
1	广西崇左宁明县明江镇洞廊村高山榕	桑科榕属	崇左宁明高山榕	1700余年	34	1.62	《宁明县志》记载，树龄1700余年
2	广西扶绥县中东镇上余村弄楼屯黄葛树	桑科榕属	扶绥巨榕	1000余年	38	2.35	广西古榕树冠幅之最
3	广东省龙川县通衢镇古城东门雅榕	桑科榕属	东江古榕王	850余年	31	3.76	植于唐代末年，现已折断
4	福建省霞浦县杨家溪风景区雅榕	桑科榕属	杨家溪榕王	800余年	30.6	宽侧5.1，狭侧3	据地方志记载，植于南宋初
5	云南省保山市坝湾乡高山榕	桑科榕属	亚洲第一大榕树	700余年	28	9.07	胸径仅次于美国"格兰特将军"，为"亚洲第一巨木"

3.5.7　樟

樟树，樟科樟属，常绿大乔木，主要分布于江西、浙江、台湾、广东、湖南、福建等地区。樟树生命力强，经冬不凋，以长寿著称。

《尸子》："水积则生吞舟之鱼，土积则生豫樟之木"，描述樟树之高大。后人多借樟树抒情，托樟树比德。白居易《寓意诗五首》："豫樟生深山，七年而后知。挺高二百尺，本末皆十围。天子建明堂，此材独中规"。元稹《谕宝二首》之二："千寻豫樟干，九万大鹏歇。栋梁庇生民，舻艎济来哲。"人们用樟树比拟仁爱豁达、和谐尊孝、谦逊淡然的品格。樟树根固大地，干擎云天，树冠平展，形如华盖，枝繁叶茂，荫及一方，具有仁爱豁达的文化寓意；樟树孤植、丛植都能茁壮成长，共同成景；且种子、干基、树根萌发分蘖等更新能力均强，同一片林分中多代同堂、相依相偎现象非常普遍，具有和谐尊孝的文化含义；樟树老叶直到新叶完全展开后才静谧地退出，化作春泥和尘土，默默奉献，滋养自己和周边树木的根系，具有谦逊淡然的文化含义。

如今，在我国南方，仍可找到 2000 年以上的汉代樟树，1000 年以上的樟树并不罕见，500 年以上的樟树比较常见。被称为"樟树之乡"的江西省安福县现有 2000 年以上的汉樟 2 株，1000 年以上的古樟树 200 余株，400 年以上的古樟树 8700 余株。表 3-10 为我国历史悠久的经典古樟树。

表 3-10　历史悠久的经典古樟树

序 号	树 名	别 称	科 属	树 龄	树高(m)	胸径(m)	说 明
1	广西桂林金州县大西江乡古樟	金州古樟	樟科樟属	2000 余年	30	6.6	据当代县志记载，已有 2000 多年历史，是世界上最古老的樟树
2	江西萍乡湘东镇新湄村樟帝庙古樟树	樟帝	樟科樟属	2000 余年	25	3.5	据庙内石香炉所记，古樟为汉代所植
3	江西安福县严田镇横屋村古樟	五爪樟	樟科樟属	2000 余年	35	4.5	1948 年遭雷击被劈一枝，现存四枝
4	江西安福县严田乡王家塘村	"三绝"樟树王	樟科樟属	2000 余年	28	6.84	一绝"大"，二绝"老"，三绝"奇"，树基部有偌大空洞，形成"门""窗"俱备的奇景
5	浙江丽水莲都区路湾村古樟	晋樟	樟科樟属	1600 余年	26	4.5	相传植于晋代，是浙江省年代最久远、树体最大的古樟，有"浙江第一樟"的美誉

小　结

我国古代对树木的研究主要服务于农业、医学、园艺，在树木栽培、品种繁育、园林应用等方面都取得了巨大的成就，留下了众多优良品种、经典古籍，对世界树木的相关研究作出了突出贡献。我国树木文化发展经历萌芽期(先秦)、定型期(秦~唐)、集成期(宋~清)、现代期(清以后)4个主要发展阶段。

查清古树生长年代、判断古树树龄对挖掘古树历史文化价值具有重要意义。目前，确定古树树龄主要采取科学论证法、文献追踪法、碑刻追踪法、实地踏勘法、类比推断法、访谈估测法6种方法，其中科学论证法、文献追踪法是较准确的判断树龄方法。

我国现存众多历史悠久的经典古树，这些古树的存在对于挖掘地方历史和文化传承具有重要意义。

复习思考题

1. 我国历代主要记载树木的专著有哪些？叙述其主要内容。
2. 我国树木文化发展大致分为几个时期？各个时期的主要特点有哪些？
3. 古树树龄鉴定主要有哪些方法？优缺点分别是什么？

第 *4* 章

古树的文学属性

本章提要

本章分两个环节讲解古树文化属性中的文学属性问题：第一环节，了解古树文学属性中的成语典故、诗词歌赋、神话传说和文学著作等表现形式，学会在古树文学创作中如何运用这些表现形式；第二环节，掌握古树文学的主题与内涵表达方式，学会怎样提炼古树的文学主题，掌握古树文学的内涵表达和古树不同种类的人文内涵及文学意蕴表达，如松、柏、梅、柳、槐等。

古树文化属性涵盖范围非常广泛，包括历史、文学、艺术、社会、环境、地理等，其中一个重要方面就是古树的文学性。古树的文学性是通过不同文学体裁、表现形式、主题与内涵的表达，把古树的外部特征和文化内涵呈现在文学作品中。每一株古树，都是一部活着的绿色史书，更是沉淀在人们心底的文化积淀。文人们利用文学的手段，使其成为一株株活着的、立体的、生动的、精神的、有血有肉的、信息量十足的，带有某种设计意味、魅力迷人的艺术图景。这种创造性的劳动成果，具有重要的发展空间和学习、传承、研究价值。

4.1 古树的文学属性及其表现形式

古树的文学属性非常鲜明，它的外部特征和文化内涵及所承载的诸多信息等，往往通过成语典故、诗词歌赋、神话传说和文学著作的表现形式来完成，具体包括诗歌、小说、散文、报告文学、民间文学、游记、剧本、曲赋、楹联、童话、成语、小品文、评书脚本、民间传说、乡土文学、寓言、通讯等。

4.1.1 成语典故

古树成语是汉语词汇中定型的词，有固定的结构形式和说法，表示一定的意义，在语句中是作为一个整体来应用的。大部分成语从古代沿用下来，代表一个故事或者一件事情，字数有多有少，有些古树成语本身就是一个微型的句子，跟习惯用语和谚语相近，有时也可互用，但程度上略有不同，如古树参天、根深叶茂、虬枝铁干、奇清古峻、蒹葭倚玉树、十年树木百年树人等。

古树典故是指古树诗文中引用的有来历的故事和词语，大部分从古代沿用下来，是一个故事或者一件事情，赋予引申意义后而被广泛应用。例如，"古树参天"指的是高悬或高耸于天空的古树，语出《汉书·谷永传》"太白出西方六十日，法当参天，今已过期，尚在桑榆之间"句。宋代诗人梅尧臣在《和永叔啼鸟》中写道："深林参天不见日，满壑呼啸谁识名"；当代作家丁玲在《海伦的镜子·会晤》中写道："小小农舍都稀疏地座落在沿路的庄稼地边，环绕在农舍周围的是参天大树和整齐宽广的草坪"。"苍松翠柏"指的是四季常青的松柏，比喻具有高贵品质、坚定节操的人。清代诗人萧执中在《勉县定军山武侯墓楹联》中写道："古石幽香名士骨，苍松翠柏老臣心"；古典名著《红楼梦》在第五十三回写道："白石甬路，两边皆是苍松翠柏"；著名国学大师季羡林先生在《幽径悲剧》中写道："山上苍松翠柏，杂树成林"。"饱经风霜"指的是经历过种种艰难困苦的人或物，这里指古树，语出清代孔尚任历史传奇剧《桃花扇》第二十一出"鸡皮瘦损，看饱经风霜，丝鬓如银"句。当代著名作家冯德英在《苦菜花》第一章中写道："人们那被晒黑的饱经风霜的脸上，显出严肃而紧张的神情"。

古树的汉语成语典故用语，主要由两个方面组成：一方面是规范的古树汉语成语典故用语。这方面的汉语成语典故用语有很多，其中有不少出处跨越久远年代，形象生动，饱有深刻含义，被历代文学家争相旁征博引，如老树结胎、盘根错节、冠盖如云、满身疮痍、根深蒂固、玉树虬枝、浓荫蔽日等。另一方面是古树自带的汉语成语典故用语，也就是"约定俗成"的汉语成语典故用语。这方面的汉语成语典故用语多数是当地百姓根据历史人物命名的，也有皇帝亲封的，更有专家根据古树的形象和功能命名的，字数多少不等，如"孔明柏""卧龙松""公主柳""遮荫侯""东坡双槐""白袍将军""先师手植桧""红军拴马桩""郑成功招兵树"等。

古树自带的汉语成语典故用语大部分流传在民间，每株被命名的古树都有一段故事。例如，山东济南市历城区彩石镇的千年"降龙木"[六道木（*Zabelia biflora*）]，树高约 17m，胸径 1m，伟岸挺拔，枝繁叶茂，树身无一处枯萎，可见其具有长寿基因，由于有宋代女英雄穆桂英手持降龙木大破天门阵在先，所以被当地村民奉为"神木"，常用于驱凶、避邪、镇宅、保健等；北京西山卧佛寺院里的"二度梅"，植于唐贞观年间，曾一度枯萎，又发新芽，数十枝干在方圆不到一米的地方破土而出，现已高达三四米，一般每年 2 月底、3 月初开花，最早花期曾在 12 月，有人认为《红楼梦》中怡红院海棠枯萎一年，于次年重新开花，取的就是卧佛寺"二度梅"的素材。

4.1.2　诗词歌赋

古树主题的诗词歌赋，包含了我国传统古树文学的精髓，其中的诗和词有着严格的平仄、用韵和对偶要求。歌则指乐府曲、散曲等，可以是单曲，也可以是套曲，形式上虽有严格要求，但语句在字数上可以加减，较之诗、词、赋创作起来更显通俗与自由，经常出现在地方戏、折子戏或者小剧本中，跟现在的通俗歌曲有异曲同工之妙。而赋在语句上，也有着非常严格的对仗和跳跃规则，但在抑扬顿挫的字词接合和声律平仄的要求上，较之诗和词则稍显松散。

古树题材在文学上的表现形式很多，可以是通讯、小品文，可以是诗词歌赋，也可以是散文和小说。诗词歌赋因为篇幅短、字数少，简练易记，虽然在各方面有严格要求，用字也讲究，但是能够令写作者在遣词琢句、考虑韵脚、斟酌韵律、研究句式对仗和跳跃等形式时产生浓厚的创作兴趣，因此应用广泛。

历史上以古树为题材而创作的诗词歌赋浩如烟海，其中以诗歌为最，词曲赋次之。从先秦、两汉、魏晋、南北朝，到唐、五代，再到宋代、元代、明代、清代，流传下来的优秀作品有很多。到了现代，人们的创作欲望更盛，其中也不乏优秀之作。

①古代诗歌部分　如屈原的《橘颂》、无名氏的《庭中有奇树》、李白的《南轩松》、杜甫的《树间》《古柏行》、苏轼的《红梅》等。苏轼的《红梅》诗中有"诗老不知梅格在，更看绿叶与青枝"的句子，写出了古老的红梅，只有在绿叶和青枝的衬托下，才能突显它无畏严寒的优美品格与神韵。

②现代诗歌部分　如胡先骕的《水杉歌》、陈毅的《青松》、邓拓的《题梅》、郭沫若的《咏普照寺六朝松》等。郭沫若在《咏普照寺六朝松》诗中写道："六朝遗植尚幢幢，一品大夫应属公。吐出虬龙思后土，招来鸾凤诉苍穹。四山有石泉声绝，万里无云日照融。化作甘霖均九域，千秋长愿颂东风。"诗人借古松之景，咏出了松风如人格的无穷魅力。另外，近年流传的民歌、校歌中，也有许多好作品。如 20 世纪 20 年代蒙古族长调《六十棵榆树》，东南大学校歌中的"六朝松下听箫韶"，江苏桠溪中学校歌《我们相聚在白果树下》等。

③古代词曲部分　如苏轼的《卜算子·缺月挂疏桐》，惠洪的《浣溪沙·妙高墨梅》，陆游的《卜算子·咏梅》，马致远的《天净沙·秋思》，纳兰性德的《海棠春·落红片片浑如雾》等。纳兰性德在他的《海棠春·落红片片浑如雾》词中写道："落红片片浑如雾，不教更觅桃源路。香径晚风寒，月在花飞处。蔷薇影暗空凝贮。任碧飐轻衫紫住。惊起早栖鸦，飞过秋千去。"借月夜下海棠花落的情景抒发情感，表达对所恋之人抑或美好理想的期待与渴望。

④现代词曲部分　如毛泽东的《卜算子·咏梅》《念奴娇·井冈山》，叶剑英的《朝中措·鹿回头》《浣溪沙·登大兴安岭》等。毛泽东在他的《卜算子·咏梅》中写道："风雨送春归，飞雪迎春到。已是悬崖百丈冰，犹有花枝俏。俏也不争春，只把春来报。待到山花烂漫时，她在丛中笑。"写了梅花凌寒俊美而又坚韧不拔的俏丽形象，以此鼓励人们在革命事业中，要有勇于克服困难、威武不屈的精神和革命到底的乐观主义态度。

⑤古代赋文部分　最为著名的是南北朝庾信的《枯树赋》，其次还有唐代张莒的《紫宸殿前樱桃树赋》《西掖瑞柳赋》，唐代萧颖士的《伐樱桃树赋》，近代崔秀山的《古大槐树赋》等。庾信的《枯树赋》，是作者借《续晋阳秋》和《世说新语》所记两则晋人殷仲文、桓温对树的兴叹故事，演绎树的荣枯，从而抒发的乡关之思。

⑥现代赋文部分　如齐鲁田的《洪洞大槐树赋》，网名为空山落叶的《别古树赋》，网名为旧时月色的《悲古树赋》，高世现的《东门古树茶赋》，马金江的《侯家古柏赋》，康永恒的《古柏赋》，周志刚的《云水谣大树赋》等。齐鲁田的《洪洞大槐树赋》，追本溯源，寻根问祖，不忘初心，写出了洪洞大槐树的历史变迁，启发后人做人做事务必懂得知我来处，好去远方的道理。

4.1.3 神话传说

过去由于生产力水平低下，人们在科学认识自然和社会方面显得不够全面，无法解释诸多社会上的超自然现象和不可思议的问题，神话传说就此产生。其中，古树神话传说是人们对大自然现象的一种解释，或者称为精神寄托。大体上包括：开天辟地神话传说、自然神话传说和英雄神话传说等。

①开天辟地神话传说 表达的是先人的地域宇宙观，用树以托物的形式，解释一方水土的形成、演化和万物的产生，最后归结到长寿神奇的古树身上，增强人们的属地归属感和故乡意识，如月桂树、蟠桃树、人参果树、菩提树、不死树、帝屋树、那卡古树传说等，都与故乡情思相关联。

②自然神话传说 表达的是人们对当地自然界各种现象的解释，把诸多感叹与赞美等，化作一株株能够长久抗拒自然，依赖自然，见证历史，高大巍峨，生命力旺盛的古树，如天下第一银杏树、辛华寺古梅、世界柏树王传说等。

③英雄神话传说 比前两者产生稍晚，是人们把本地具有发明创造才能或作出重要贡献的人物，加以夸大想象，集中归结到古树身上，表达出人们的内心渴望和精神寄托，如汉武帝挂甲柏、项王手植槐、左公柳、指南枣的传说等。

古树神话传说，文献中记载有限，口头流传较多，往往被蒙上一层神秘的面纱，随着时间的推移，演绎出不同的内容，取得了很好的效果，人们常常把心中的愿望、崇拜和信仰，寄托到古树身上，以便从中汲取更多的生存智慧和生活能量。

远古时期神话传说中的古树，基本上都有文献记载，文学描述中也都充满想象，如对神话传说中的扶桑树、若木树、建木树、大椿树、沙棠树、琅玕树等的描述即是如此。《山海经》中对扶桑树就曾有过这样的描述：扶桑树共有两株，均屹立于东方中国的大海之上，当年，太阳女神羲和她的儿子金乌(三足乌鸦，太阳之灵)，就是在此处驾车升起，去往天界的，从此开启了神界、人间、冥界的大门，但因后来大羿站在上面射日，将其踩断，从此神界、人间、冥界便失去了联络。

近现代神话传说中的古树，比较写实，几乎全部来自民间，可归结为人们的集体口头创作范畴，属于民间文学的一种，如黄帝陵轩辕柏、王羲之手植樟、李白杏、东坡棠、朱熹杉、蓉城救命神树、凤凰松传说等。神话传说中的凤凰松，位于九华山上的中闵园内，树高 7.68m，胸径 1m，造型奇特，恰似凤凰展翅。

古树神话传说，不管是远古时期的还是近现代的，不管以哪种文学表现形式出现的，都是中华民族的文化瑰宝和精神财富，对于推动古树文学发展，增强民族自豪感和民族自信心，起着重要作用。

4.1.4 文学著作

文学著作中的古树，维系着生态、主导着生灵、延续着生命，是生态文学的标志、气候的记载、历史的见证；绿色的源泉、强者的代表、希望的摇篮；动物的乐园、儿童的乐土、人类的朋友；文化的遗产、环保的卫士、旅游的胜地；月亮的伴侣、故事的温床、艺术的延伸。古树树有多高，根就有多深。它根扎大地，根系固土；它高可参天，枝叶茂密，可谓绿色屏障，为家园挡风减灾；它"巍峨的云冠，清凉的华盖"(郭沫若语)，可遮天蔽日，为大众消夏避暑；它绿叶蓬松、芳香吐露，可美化环境，为家园增添新鲜气息；它春夏时节，枝繁叶茂，也可减噪滞尘。

古树文学著作文献的价值，历来被有识之士看重，在历史进程中发挥着重要作用。可以说，中国五千年华夏文化文明的光辉灿烂中，古树文学著作文献同样闪烁着耀眼的光芒。

《山海经》是古时候流传下来的一部古籍，其中描写神奇古树的篇章不下十几篇，"青铜神树"中的"建木"，被视为人间与天上来往的桥梁，常有龙作为守卫来保护这株神树；《诗经·国风·周南》里的"樛木"是南方的一种古树，人们希望古树能给予君王之子以福缘、福寿、福禄，脚下之路平安，扶助更多需要帮助的人，在君王之位上能够有所成就；《橘颂》是屈原《楚辞·九章》中的一首咏橘诗。屈原认为，橘树不仅外形漂亮，而且有非常珍贵的内涵和坚贞不移的品格，是天地间最美好的树；《逍遥游》是战国时期哲学家、思想家、文学家庄周《庄子·内篇》的首篇，其中说："上古有大椿者，以八千岁为春，八千岁为秋……而彭祖乃今以久特闻，众人匹之，不亦悲乎！"庄子用大自然中的辩证法解释自然现象，告知天下，人生苦短，而古树寿长的道理。

《树梢上的中国》（商务印书馆 2018 年版），是当代著名作家梁衡先生跋山涉水寻访人文古树后写下的一部散文集，全书融入了"人文森林"的理念，记录了中国大地上十几株古树的历史兴衰。《穿行在观音山古树的天空里》是《美丽中国》（中国林业出版社 2013 年版）书中的一篇美文，作者文霖在东莞樟木头观音山古树博物馆与古树牵手，然后放飞思绪，穿越古林，仁慈伟岸的岭南古老树木灵魂让他泪流满面。此外，谢凤阳的《中华古树大观》（湖南科学技术出版社 1990 年版），胡洪涛的《北京古树名木散记》（北京燕山出版社 2009 年版），吕顺、刘先银的《北京古树神韵》（中国林业出版社 2008 年版），（日）阿南史代的《树之声》（北京三联书店出版社 2007 年版），靳之林的《生命之树》（广西师范大学出版社 2002 年版）等，都是非常好的古树文学著作。

4.2　古树文学的主题与内涵表达

古树文学的主题与内涵表达，是指根据古树的外在形象和所处的地理环境，以及古树内外所承载的各方面信息，用文学艺术的形式表现和揭示出来的思想内涵。主题的来源，一是艺术家主体思想感情的移入，它凝聚了艺术家对社会生活的理解、思考和评判；二是对内涵表达意义的概括和升华。主题是内涵表达的结晶，也是整个作品的灵魂和统帅；内涵表达是主题的基础。主题是因，内涵表达为果，因果关系明确；主题是纲，内涵表达为目，纲举目张；主题提炼出作品的梗概，内涵表达来完善梗概，给梗概一个完美的呈现。内涵表达上升到主题的过程，就是使作品不再是零星的片断，而是形成一个统一有机的整体过程。

4.2.1　文学主题

古树文学主题的内容十分丰富：古树存在的本身，就带有生态文明的主题；古树释放氧气、减噪滞尘，具有了生态经济的主题；古树的古老生境、基因信息，决定了它具有自然、历史和科学价值的主题；古树与宗教民俗、诗词歌赋融为一体，具有了丰富的文化内涵主题；古树顶天立地、巧夺天工、造型各异，具有了审美意义和旅游魅力的主题。

读书有主题，读古树也要有主题，古树的主题需要提炼。提炼古树主题的方法主要有两个：一是深入研究，积累内功；二是提炼精神，挖掘内涵。

提炼古树主题的过程就是走出户外，实地感受"师法自然"、感悟树理、启迪人生的学习过程。通过提炼古树主题，进入到自然科学领域，学习古树那种自我调节、默默坚守、不屈不挠的顽强能力，不畏艰难、根扎大地、脚踏实地、拼争向上的生存意识，无畏曲直、播撒绿荫、回报自然的奉献精神。

提炼古树文学主题，必须沉下心来，选好了有故事的古树对象，研究它的历史、外在、内涵、环境、地理和人文之间的关系，研究明白了，古树文学的主题也就自在其中了。

例如，唐代大诗人"诗圣"杜甫在《古柏行》诗中，开篇就通过细致观察，把夔州孔明庙前老柏的外貌、内涵和所承载的信息，与三国时期的蜀汉丞相诸葛亮作比较，说诸葛亮德行好、有智慧、能力大，被先主刘备重用后，为建立国家政权立下了汗马功劳。然后又把老柏和诸葛亮自比：说树居虎踞龙盘之地，长松落落，威势在野，似有神明助力；而今天的用人制度却与昨天大不相同，社会之世态炎凉，国家之内忧外患、大厦将倾，重如丘山的大材不免遭蝼蚁之伤，自己愿意报效朝廷但壮志难酬。至此，"封建社会没落腐朽，有能力的人得不到重用，终将走向灭亡"的作品主题便呼之欲出。

又如，宋代大诗人陆游在《卜算子·咏梅》词中写道："驿外断桥边，寂寞开无主。已是黄昏独自愁，更著风和雨。无意苦争春，一任群芳妒。零落成泥碾作尘，只有香如故。"作者在这里虽然没有浓墨重彩地描绘梅花的外形，却写出了梅花的神韵，把梅花放在层层递进的恶劣环境中，着力渲染梅花孤芳自赏、坚贞不屈的品格。然而，正是这种着力的渲染，才全方位地托出了作者以花自喻的自我写照主题。

再如，现代著名作家茅盾在《白杨礼赞》一文中，写白杨的干、写白杨的枝、写白杨的叶、写白杨的整个形态，处处扣紧其"笔直""向上"的特点，时时都在突出其"倔强挺拔"的性格，笔笔写神入理、绘形毕肖，整体一线贯通、大气磅礴。作者这样写，就是为了突出白杨树"伟岸、正直、朴质、严肃，也不缺乏温和，更不用提它的坚强不屈与挺拔，它是树中的伟丈夫"主题。

还有，现代著名作家梁衡在《中华版图柏》一文中，用大量篇幅描写上演在那里的第一出中国版图大戏，解决了北宋时期夏、辽、宋三国边界的纷争问题，还介绍了范仲淹、欧阳修等文人带兵戍边时在战地留下的许多名篇佳作，展示了范仲淹的《渔家傲·麟州秋词》《岳阳楼记》、欧阳修的《秋声赋》，并追溯了作品的创作历史；写上演在那里的第二出中国版图大戏，是清代康熙年间，康熙皇帝三次御驾亲征，平定叛军噶尔丹部，口占一首《晓寒念将士》诗，决定从此不再修长城，并开放全部禁地，实行蒙汉大融合。这样写的目的也是突出主题，而这篇作品的主题是：作为一株当年具有国境界桩、今天具有新时空地标意义的人文古树，它所承载的历史是艰辛浪漫、错综复杂、惊心动魄、魅力迷人的。

4.2.2 常用文学手法

为了能够完美地诠释主题，主要通过托物言志、以物比德、借景抒情三种古树文学的表达方式。

4.2.2.1　托物言志

托物言志是古树文学作品中一种常见的表现手法。它是通过对古树的描写和叙述，反射到作者本身，表达作者的志向和意愿。通常是作者寄意于古树，运用象征或托物的表达方式，在客观上描绘古树特征的同时，反映作者对古树的情感或揭示古树作品的主题。

采用托物言志的表达方式，写出来的古树文学作品，有其自身的特点，那就是用古树来比拟或象征人的精神、品格、思想和感情等。要想写好这样的古树文学作品，就要掌握好古树与人的志向的契合点，古树与人的情感之间的内在联系。

首先描绘出古树的主要特点，然后关联到作者志向、意愿与古树特点的相同、相似之处，之后再把作者的志向、意愿以古树特点为核心展开表达，最常用的方法有比喻、拟人、象征和对比等方法。

例如，现代文学翻译家、散文家、教育家曹靖华先生，在他的《飞花集·艳艳红豆寄相思》中，对桄榔树就曾有过这样的描绘："那桄榔啊，笔直耸天的树干，青中泛白，腻如凝脂的树皮，多么光洁温润，丈多长的羽状叶子，从树上垂下来，就像仙女的缕缕散发一般飘逸。它那丈把长的一丛丛的花序，活像关公的大胡须，从叶间的树干上垂下来，又何等气派。"作者观察精准，下笔到位，成文生动，把桄榔树的特点描绘得十分鲜明。实际上，优秀的古树文学作品，在运用托物言志的表达方式时，作者总是能够通过细致的观察和悉心的体验，进而准确地寻觅出古树能够表达自己思想情感以及作品主旨的客观特征，并以此来代表自己在作品中要表达的志向和意愿。

再如，俄国作家托尔斯泰在《战争与和平》中对橡树的一段描写："路旁有一株老橡树。它大概比树林里的桦树老九倍，大九倍，高九倍。这是一株巨大的、几人合抱的橡树，有些树枝显然折断了很久，破裂的树皮上带着一些老伤痕。它像一个老迈的、粗暴的、傲慢的怪物，站在带笑的桦树之间，伸开着巨大的、丑陋的、不对称的、有瘤的手臂和手指。只有这株老橡树，不愿受春天的蛊惑，不愿看见春天和太阳。""老橡树完全变了样子，撑开了帐幕般的多汁的暗绿的枝叶，在夕阳的光辉中轻轻摆动着，激动地站立着。没有了生节瘤的手指，没有瘢痕，没有老年的不满与苦闷——什么都看不见了。从粗糙的、百年的树皮里，没有枝柯，便长出了多汁的幼嫩的叶子，使人不能相信这样的老树会长出它们。"同一株橡树，由于作者的心情不同，便有了两种形象。前一段是写书中主人公在前线作战负伤，回家后又看见妻子死亡，正经历个人精神危机时所见到的橡树，表达了一种自暴自弃的情绪；后一段是写书中主人公在爱上一个年轻热情的姑娘，情绪好转以后所见到的同一株橡树，表达了主人公精神复苏后的心境。

托物言志在古树文学作品中的使用，常常源于作者对古树内在意义的直觉顿悟，之后再将这种直觉顿悟进行提炼并完善，最终形成单一而明显的主旨。因此，古树文学作者必须置身于现实生活中，在对古树的特征或特性进行观察、体验、比较的基础上，进而准确地揭示出所咏之物的品性或品质。

《梁衡人文森林散文》集（2021 年版）中收录了一篇题目为《霍山红岩松记》的散文，是典型的托物言志古树文学作品。文中述说了 20 世纪 60 年代文学名著《红岩》一书问世的过程，该大红的封面上，红色背景、一崖突起、古松挺立，强调红色代表着革命，岩石象征着革命者意志坚定，古松象征着革命事业生命力旺盛，与书中塑造的英雄形象及传达的浩然正气浑然一体，巧夺天工，影响了几代人，并永远定格在读者心中。

4.2.2.2　以物比德

古树文学以物比德的表达，常常成为古树文学作品揭示人物性格的重要艺术手段。作者基于深入调查研究，先通过思维上的感官认知和理解，做出准确的判断或抉择，然后通过属地、历史、传说、影像、人物、故事等，来认定古树的价值取向，包括客观上的、主观上的，感知上的、真实的、夸张的，在特定的时间、地点、条件下，所形成的以物比德，将其呈现到作品中。

古树记录着历史、时代和人物，从这个意义上说，古树作为树木中的优良品种，本身就存在着历史、景观、生态、科研科普、养生保健和经济价值，而不同地域生长着的大部分古树，在其漫长的自然生长过程中，都直接或间接、或多或少地与人类活动相关联，见证了人类历史的变迁，成为传承人类文化的特殊载体。所以，古树与人文结合是古树文学以物比德表达的一个重要方面。

人文古树在传承人类文化中，发挥着极为重要的作用。它是文化繁荣的象征。例如，诸多的风景园林、名山大川、名人住宅、古墓、寺庙道观等处，都伴有人文古树的存在。人文古树或与山水相依，或与亭台楼阁相伴，绘就了一幅幅情景交融、诗情画意般的美好意境。人文古树作为一种有生命意义的古老存在，为城市增添了历史的厚重，为景区添加了活力与生机，让村镇有了归属感，成为一方水土的标志物。比如，陕西黄帝陵因"轩辕柏"名闻遐迩，山西洪洞县因"大槐树"成为寻根问祖之地。人文古树往往被人们奉为"神树""吉祥树"，每逢重大节日，诸多善男信女面对古树焚香行礼，并给古树系上红布条，借以表达美好祝愿，祈求平安幸福。

人文古树文学作品将透过古树的这些人文内涵，通过小说、散文、报告文学、纪实文学、诗词歌赋等艺术形式，以人文的以物比德表达方式为切入点，让人们在作品中深切地感悟到，凝结在人文古树上那些厚重的历史文化和人文精神，使每一株人文古树都焕发出历史的光彩、灿烂的文化、浓浓的乡愁，让读者顿觉重任在肩，评判社会现实深感责任重大，牢牢铭记在心，为以物比德转化成实践行动提供动力源泉。

《丰子恺散文精选》（长江文艺出版社 2010 年版）中，收录了一篇题目为《黄山松》的散文，是典型的以物比德表达比较完美的古树文学作品。文中赞美黄山松有 3 种特色：第一种特色是黄山松生在石上，生命力之顽强；第二种特色是黄山松枝条挺秀坚劲，不肯面壁，向空中生长，一心倾向着阳光；第三种特色是黄山松枝条具有异常强大的团结力，用作者的话说就是"大概它们知道团结就是力量，可以抵抗高山上的风吹、雨打和雪压吧"。此文以树喻人，用以物比德的表达方式，借黄山松的 3 种特色，确切地阐述了人生如松的重要意义。

4.2.2.3　借景抒情

古树文学的借景抒情，与托物言志有所不同。托物言志是通过对古树的描写和叙述，反射到作者本身，表达作者的志向和意愿。而借景抒情则是作者带着强烈的主观感情去描写古树，把自身所要抒发的情感完全寄托到古树身上。抓住古树特点，让古树特点与自己情感融为一体，达到情景交融的艺术效果。实际上，就是在作品中放开了写古树的特点，只写古树的"景"，而不直接抒发自己的"情"，以景物描写代替感情抒发，这也就是中国近代著名学者王国维先生说的"一切景语皆情语"写法。

古树以其特有的魅力，常常被中外文学家收入作品，借古树的景抒自己的情，以反映和寄托作者或作品中人物的性格特征和思想感情，增加作品的环境特色、生活气息和艺术魅力。

例如，俄国作家高尔基在《伊则吉尔老婆子》一文中，对古树林就曾有过这样一段描述："林子显得非常黑，好像自从它长出来以后世界上所有过的黑夜全集中在这儿了。这些渺小的人在那种吓人的雷电声里，在那些巨大的树木中间走着；他们向前走，那些摇摇晃晃的巨人一样的大树发出轧轧的响声，并且哼着愤怒的歌……树木给闪电的寒光照亮了，它们好像活起来了，在那些正从黑暗的监禁中逃出来的人的四周，伸出它们的满是疙瘩的长手，结成一个密密的网，要把他们挡住一样。"这一段，作者借古树林的景反衬"黑暗与恐怖"，刻画和抒发了"他们"此刻渴望自由与光明、不畏艰险、勇往直前的性格特征和心情。

再如，我国现代著名文学家、思想家、革命家鲁迅先生，在他的《秋夜》一文中，对古枣树曾有过这样一段描述："枣树，它们简直落尽了叶子。先前，还有一两个孩子来打它们别人打剩的枣子，现在是一个也不剩了，连叶子也落尽了。它知道小粉红花的梦，秋后要有春；它也知道落叶的梦，春后还是秋。它简直落尽叶子，单剩干枝，然后脱了当初满树是果实和叶子时候的弧形，欠伸得很舒服。但是，有几枝还低压着，护定它从打枣的竿梢所得的皮伤，而最直最长的几枝，却已默默地铁似的直刺着奇怪而高的天空，使天空闪闪地鬼眨眼；直刺着天空中圆满的月亮，使月亮窘得发白。"这一段，很显然，鲁迅先生已经把枣树人格化了。作者借助枣树受尽挫折、屈辱情景的描写，抒发心中抗击黑暗、追求光明的主旨和心路历程。

古树文学作品中，运用借景抒情表达方式的还有很多。这种表达方式的运用，能使情和景互相交融、互相依托，从而创造一种物我一体的艺术效果，完美地表达作者的思想感情，有极强的艺术感染力。它可以使作者与读者互换角色，读者就是作者，作者也可以成为读者，读者与作者共同在字里行间行走，感受不一样的古树风情，让古树代表作者和读者心中共同的那片"景致"，悄悄地走进彼此的心中，使读者和作者在欣赏心中共同的那片"景致"时，产生强烈的共鸣。

《杨朔散文选集》（百花文艺出版社 1992 年版）中，收录了一篇作者 1961 年发表的题目为《茶花赋》的散文，是典型的借景抒情古树文学佳作。我国现代著名作家、散文家杨朔，在文中写自己从国外归来，一脚踏进昆明，就看见"那一树齐着华庭寺的廊檐一般高，油光碧绿的树叶中间托出千百朵重瓣的茶花，那样红艳，每朵花都像一团烧得正旺的火焰。"作者感叹道："普之仁……一个极其普通的劳动者。然而正是这样的人，整月整年，劳心劳力，拿出全部精力培植着花木，美化我们的生活。美就是这样创造出来的。"作者表示，"如果用最浓最艳的朱红，画一大朵含露乍开的童子面茶花，岂不正可以象征着祖国的面貌？"从上面的描述可以看出，作者赞美古茶树盛开着的茶花、赞美培育花朵的人不是最终目的，最终目的是借花和人所营造出来的优美景象，抒发自己在异国他乡时刻眷恋着祖国日新月异的巨大变化之情。

4.2.3　不同种类古树的人文内涵及文学意蕴

古树一旦具有了人文内涵，就成为了人文古树。每一株人文古树，都有一段故事及传说，或家国情怀，或见证历史，或荡气回肠、临危不惧、庄重巍峨，或荫泽四方、令人神往。据第二次全国古树名木资源普查结果公布，全国古树名木共计508.19万株，其中人文古树就有数十万株之多，有松、柏、银杏、梅、柳、槐、杉、榆、榕、海棠、冬青、木棉、紫薇等树种。不同古树，在文人笔下，被赋予诸多人文内涵及文学意蕴，下文以松、柏、梅、柳、槐为例进行介绍。

4.2.3.1 松、柏

松、柏作为人文古树的大家族，很早就进入了文学表现的领域，因其寓意万古长青，常被人们栽植并保存于皇家园林和寺庙亭观，又因其品性不惧严寒、挺拔坚韧、不屈不挠，备受各个时代文人的推崇，成为中华民族理想的人格符号。

两汉时期的诗人佚名以"驱车上东门，遥望郭北墓。白杨何萧萧，松柏夹广路"倾诉其悲情；唐代诗人王勃以"磊落殊状，森梢峻节，紫叶吟风，苍条振雪"展现松、柏清高不俗、孤傲不群的品性；宋代文学家黄庭坚以"松柏生涧壑，坐阅草木秋"展示松、柏恬静优雅之趣，显示出超然的淡定与豁达；北宋文学家石延年以"直气森森耻屈盘，铁衣生涩紫鳞干"赋予松、柏以格调高古的君子人格。

《诗经·小雅·天保》中以"如月之恒，如日之升。如松、柏之茂，无不尔或承"的字样，将松、柏作为祝寿之语；五代秦州节度使王仁裕以"明皇遭禄山之乱，銮舆西幸，禁中枯松复生，枯松再生，祥不诬矣"的民俗观念，说松、柏有死而复生之意，并象征着爱情的忠贞不渝。

《诗经》中的"陟彼景山，松柏丸丸""淇水滺滺，桧楫松舟""山有乔松，隰有游龙"，《楚辞》中的"山中人兮芳杜若，饮石泉兮荫松柏"等，都是以松、柏作为比兴，具有极为明显的象征意味。东汉末年名士、诗人刘桢的"亭亭山上松，瑟瑟谷中风。风声一何盛，松枝一何劲"一组诗句，赋松以高洁坚贞的品性，表现抱负之士守志不阿的节操。

南朝梁时期的文学家吴均的"松生数寸时，遂为草所没。未见笼云心，谁知负霜骨。何当数千尺，为君覆明月"，则以松自拟孤傲不平之气，显露出寒贱人士的雄心傲骨。

隋唐时期，以松、柏为题材的文学作品空前繁荣。有借松、柏之势表达以天下为己任，渴望得到明君赏识而建功立业心情的；有将松、柏赋予佛家意味而普度众生、积德行善的；有以松、柏言志，流露出不同流俗和高风峻节的等，不一而足。

还有一种传世松、柏被栽植在墓地，叫墓地松、柏，属于民间贵族普遍栽植的坟头纪念树范畴，即便是到了今天的诸多公墓里的树木，也是以松、柏居多。松、柏有着先民渴望长生、祖灵尊崇、家族兴旺的意象。在文学作品中具有鲜明的抒情意味，常用于祭祀、追悼、怀古等，借以表达生死之叹、怀亲吊友、寄托哀思、铭记历史等诸多复杂情感，具有深厚的人文内涵及丰富的崇敬意蕴。此外，松、柏还有保持墓地水土、保护墓地坟冢的作用，并且有松、柏树作为标志，后人容易找到自己去世亲人的坟墓，方便祭扫。

4.2.3.2 梅

梅作为"岁寒三友"之一，在我国文学史上有着很高的地位。它不与群芳争春斗艳，于凌寒中绽放花朵，有傲霜斗雪的品性，历来受到文人们的推崇。尤其是以画家为代表的历代国人，将梅、兰、竹、菊合称为"国画四君子"，足见人们对梅的喜爱。

从古至今，文学作品中颂梅、吟梅、咏梅、探梅之作数不胜数，时间跨度上可追溯到先秦到清末，直至现代，人们继承了古人的遗风，赋予其新的意义，或咏梅之神韵，或赞梅之气节，或颂梅之品性，各种文学体裁、版本，纸质媒体、互联网上层出不穷。

最早写梅的作品有《诗经》中的《摽有梅》："摽有梅，其实七兮。求我庶士，迨其吉兮。"这是一首女子委婉而大胆的求爱诗，意思是梅子落地纷纷，树上还留七成。有心求我的小伙子，请不要耽误良辰。南北朝时期"梅花绽放"：南北朝梁简文帝萧纲写有《梅花赋》，南朝梁诗人何逊写有《咏早梅》《咏雪里梅》等，都可谓写梅的上乘之作。南北朝时期梁朝是诗的国度，诗人们不但写梅，更注重梅的美学价值，赋予梅以广泛的内涵，咏梅的诗作逐渐走向成熟。宋代是词的巅峰时代，梅作为一种具有极其丰富的人文内涵及文学意蕴的植物，纷纷走进苏轼、陆游、欧阳修等文学大家的典范之作里，为人们津津乐道、喜闻乐见。

梅在文人墨客的笔下，不单单是一种花的存在，人们常常借助于梅花的特点，表现自身的境况，有的拿梅花比喻所处环境的恶劣、仕途的艰辛，然而更多则感慨于梅花的精神，赋予梅花以更多的人文魅力。

北宋史学家、文学家司马光，写有"驿使何时发，凭君寄一枝。陇头人不识，空向笛中吹"的诗句，把梅花当作寄情相思的信使，寄给远方的朋友，表达思念之情；三国时期吴国后期重臣陆凯，写有"折花逢驿使，寄与陇头人。江南无所有，聊赠一枝春"的诗句，一枝春即为梅花，折枝梅花委托驿使寄送给远方的友人，以表达真挚的情谊。

唐代大诗人杜甫，写有"梅蕊腊前破，梅花年后多。绝知春意好，最奈客愁何"的诗句，借梅花抒发心中块垒，表达乡愁之意；著名诗人王维写有"君自故乡来，应知故乡事。来日绮窗前，寒梅著花未"的诗句，见故乡来人问的第一句话，就是梅花开放了没有，可见梅花在诗人心底代表着的是浓浓的乡情；而元代著名散曲家张可久，则通过"青苔古木萧萧，苍云秋水迢迢。红叶山斋小小，有谁曾到？探梅人过溪桥"寥寥几句曲词的吟咏，就把本意"归隐"化为了新意"探望"，将梅人格化了，化作了值得尊重的友人。

南宋豪放派词人辛弃疾，以"一枝先破玉溪春。更无花态度，全有雪精神"来赞美梅的孤高圣洁；宋代著名词人赵长卿，用"江梅孤洁无拘束。只温然如玉。自一般天赋，风流清秀，总不同粗俗""芳心自与群花别。尽孤高清洁"等佳句，对梅之高洁不俗大加赞赏；元末著名画家、诗人王冕，用"我家洗砚池头树，朵朵花开淡墨痕。不要人夸好颜色，只留清气满乾坤"的诗句，将梅花的高洁不俗推上了极致。

宋代大诗人陆游，以"已是黄昏独自愁，更著风和雨""零落成泥碾作尘，只有香如故"的词句，比喻梅花同自己一样，具有顽强的意志和斗争精神，被后人广为传颂；而南宋思想家、文学家陈亮，则以"欲传春信息，不怕雪埋藏。玉笛休三弄，东君正主张"的诗句，来咏梅花不惧霜雪的顽强品格，表达自己强烈的爱国情怀。

4.2.3.3　柳

在中国古代文学中，柳具有惜别的意象。《诗经·采薇》中的"昔我往矣，杨柳依依"，《陆太祝》中的"新知折柳赠，旧侣乘篮送"，《江边柳》中的"袅袅古堤边，青青一树烟。若为丝不断，留取系郎船"等诗句，都是借柳来表达惜别之情的，既是写景叙事，又是抒情伤怀；近代音乐家、美术教育家、书法家弘一法师李叔同先生的"长亭外，古道边，芳草碧连天。晚风拂柳笛声残，夕阳山外山"歌词，是在借柳等景物抒发依依惜别之情。

唐代杰出文学家韩愈，写有"最是一年春好处，绝胜烟柳满皇都"的诗句，在盛赞柳的威势的同时，还将柳作为春天的使者，并赋予它把皇都装点得生机勃勃、繁荣昌盛的意蕴；北宋词人宋祁，写有"绿杨烟外晓寒轻，红杏枝头春意闹"的诗句，也具有同样的意蕴。

北宋著名婉约派词人柳永，写有"今宵酒醒何处？杨柳岸，晓风残月"的词句，是借依依杨柳，反衬悲秋离愁；盛唐著名边塞诗人王昌龄，写有"闺中少妇不知愁，春日凝妆上翠楼。忽见陌头杨柳色，悔教夫婿觅封侯"的诗句，是托陌头杨柳，反衬少妇春怨，新婚不久夫妇俩就不能经常见面，悔不该当初助力夫婿远离自己而走上仕途之路；北宋词人贺铸，写有"试问闲愁都几许？一川烟草，满城风絮，梅子黄时雨"的词句，风絮即柳絮，比喻糟糕的心情，满城烦乱不堪的柳絮，此时更加助长了词人心中无限增长的愁绪。

唐代著名诗人贺知章的"碧玉妆成一树高，万条垂下绿丝绦"诗句，将柳柔美的内在特征刻画得极为生动，"见芙蓉怀媚脸，遇杨柳忆折腰"，则把杨柳枝条比作美女柔软的腰身，写出了杨柳枝的细长、柔软之美；宋代著名婉约派女词人李清照的"暖雨晴风初破冻，柳眼梅腮，已觉春心动"词句，宋代著名婉约派词人张先的"细看诸好处，人人道，柳腰身"词句，都是突出柳与少女特点的好句子，活脱脱地呈现出一副女子的柔美姿态。

唐代著名诗人王维，写有"复值接舆醉，狂歌五柳前"的诗句，把自己好朋友裴迪醉酒后的形象，与春秋时期楚国狂放隐士接舆和东晋时期隐士陶渊明的所作所为相比较，赋予裴迪以狂浪不羁但又品质高洁的性格特征，把裴迪的狂士风度表现得淋漓尽致。

唐代名相、诗人张九龄的"纤纤折杨柳，持此寄情人。一枝何足贵，怜是故园春"；唐代诗人杨巨源的"水边杨柳曲尘丝，立马烦君折一枝"；晚唐著名诗人李商隐的"含烟惹雾每依依，万绪千条拂落晖"等诗句，都把柳作为动人心扉的形象，赋予柳以纤细、悠长、柔软的美，鲜活地呈现在世人面前。

北宋政治家、文学家欧阳修，写有"月上柳梢头，人约黄昏后"的词句，把柳写进了恋情；北宋词人李之仪写有"且将此恨，分付庭前柳"，南宋词人程垓写有"柳困花墉，杏青梅小，对人容易"等词句，都赋予了柳以丰富的审美意象，把柳融入了浓厚的文学意蕴之中，读来惬意舒心。

北宋词人王观，写有"铜驼陌上新正后。第一风流除是柳。勾牵春事不如梅，断送离人强似酒。东君有意偏撋就。惯得腰肢真个瘦。阿谁道你不思量，因甚眉头长恁皱"的词句，很有特色，词人紧紧抓住了柳的植物特性，赋予柳以人格化魅力，使柳具有了鲜明的人文内涵以及幽默细腻、生动形象的文学意蕴。

4.2.3.4　槐

槐，又名槐树、国槐，是我国的古老特产树种，栽培广泛，历史悠久。在历史长河中，形成千年树崇拜现象，被文人们赋予了吉祥、富贵、辅佐、庇护、功名、怀乡、招财、忠信、仁爱等诸多的人文内涵及文学意蕴。

槐在古代庙堂之上，是三公宰辅之位的象征，三公宰辅的名字虽不同，但必带槐字。比如"槐鼎"代表三公或者三公之位，也就是那些执政的大臣。此外，还有"槐衮""槐宸""槐掖""槐宰""槐岳""槐卿""槐望"等，"槐衮"指"三公"，"槐宸"指皇帝的宫殿，"槐掖"指宫廷，宰辅大臣叫"槐宰、槐岳、槐卿"，"槐望"指有声望的公卿。

槐的树冠大，遮阴好，枝条古朴典雅，花朵串串清香，常被古人植于庭院或路旁。前秦时期的王猛，就曾经向皇帝符坚提议："自长安至诸州，皆夹道以树槐。"东汉末至曹魏期间的《三辅黄图》中，曾有这样的描述：当时长安城太学附近的街道旁边，种植很多绿槐，被称为"槐市"。到了唐代，从"绿槐十二街，涣散驰轮蹄""青槐夹驰道，官馆何玲珑"等诗句中可以看出，古代长安城内的宫廷街市，到处都有槐的绿荫。直到现在，西安还保持着古槐林立、浓荫覆路的特色。人们在槐荫下生活行走，享受着古槐垂下来的一串串黄色蝶形花朵的芳香，沉浸在古槐清香馥郁的温馨之中，别提有多畅快舒适。

因为槐的形象比较好，一般都树干高大、枝权粗壮、冠盖如云，所以人们将槐看作是吉祥、祥瑞的象征，赋予它招财进宝、驱邪护宅的寓意。古人喜欢在门前种株槐，希望槐旺盛的生命力能给家族带来好运气。此外，古人还认为槐对环境的适应能力比较强，便又赋予了它以功名利禄、平安健康、生命活力等诸多寓意。

槐在文学作品中，被注入了太多的人文内涵及文学意蕴。尤其是在神话志怪小说里，槐简直就是个无所不能的精灵。所以，人们在成语典故里说槐，在诗词歌赋里写槐，在神话传说中讲槐，在著作文献中记载槐，都对槐寄托了无限的人性情感，使槐高大、威严、护佑、温暖的形象，长留在人们心中。人们又赋予槐以忠诚信义、政治抱负、怀念之情等含义，使槐的形象更加深入人心。

①忠诚信义　在文学作品中，槐被赋予忠诚与信义的含义。例如，《左传》里有一则关于槐的记载："晋灵公不君。……宣子骤谏。公患之，使钽麑贼之。晨往，寝门辟矣。盛服将朝，尚早，坐而假寐。麑退，叹而言曰：'不忘恭敬，民之主也。贼民之主，不忠；弃君之命，不信。有一于此，不如死也。'触槐而死。"这则记载说的是，晋灵公派钽麑去刺杀宣子赵盾，但钽麑见赵盾乃"民之主也"，不愿杀之。因为他懂得，残害忠良即为"不忠"，违背君命即为"不信"，所以陷入如此的两难境地，最后选择触槐而死。为什么非触槐而死？一是"民主"之地只有槐，槐又具有"忠"与"信"的内涵；二是《说文》中"木也，从木鬼声"。古人迷信，从阴阳五行的角度出发，认为槐树能沟通鬼神，当时民间还流行"老槐报凶"的说法。当然，这种说法放在今天，是很可笑的。但当从"槐"的文化意蕴入手去探究它时，会惊奇地发现，钽麑触"槐"而死却有着深刻的文化内涵。

②政治抱负　《世说新语》里有这样一则记载："桓玄败后，殷仲文还为大司马咨议。意似二三，非复往日。大司马府听（厅堂）前有一老槐，甚扶疏。殷因月朔，与众在听，视槐良久，叹曰：'槐树婆娑，无复生意'。"在这里，写东晋大臣殷仲文，望着槐树慨叹它的"无复生意"，显然是以此来影射自己的"政治抱负"无法实现的悲凉情绪。所以，后来人们就将槐赋予了具有政治抱负的一层含义。《南柯太守传》中的"大槐安国"，写的是古槐下的蚁穴。如果将"富贵荣华，南柯一梦"的主旨，与槐的政治文化意蕴结合起来理解，就更能体会出此部著作的作者，即唐代小说家李公佐的匠心独运了。

③怀念之情　唐诗中有很多送别诗，都写到槐的种植地。如岑参在他的《与高适薛据同登慈恩寺浮图》诗中写有"青槐夹驰道，宫馆何玲珑"的诗句；韩愈在他的《南内朝贺归呈同官》诗中写有"绿槐十二街，涣散驰轮蹄"的诗句；白居易在他的《寄张十八》诗中写有"迢迢青槐街，相去八九坊"的诗句；李贺在他的《勉爱行二首送小季之庐山》诗中写有"别柳当马头，官槐如兔目"的诗句等。他们要表达的恰恰是一种怀念之情。

④其他精神内涵　当文人们让槐在文学作品中具有了崇高、庄重、忠诚、仁义、政治、道德、信义、怀念等含义时，许多现实中的重要政治场所，都会有越来越多槐树的身影存在。《容斋随笔》中记载："唐贞观中，忽有白鹊营巢于寝殿前槐树上，其巢如腰鼓"，说明皇帝寝殿前有槐；《旧唐书·吴凑传》中记载："官街树缺，所司植榆以补之。凑曰：'榆非九衢之玩。'亟命易之以槐"，也说明了槐在唐代人心目中的地位是何等之高；《尚书·逸篇》中记载："太社惟松，东社惟柏，南社惟梓，西社惟栗，北社惟槐"，可见，槐作为社树，还具有祈祷吉祥、祝福安康的功能。

当然，槐也会出现在监狱、法庭等司法机关的周围。如唐代诗人骆宾王，在他的《在狱咏蝉》诗序中写道："余禁所禁垣西，是法厅事也，有古槐数株焉。"从中可知，在关押骆宾王的禁所附近就有古槐数株。在这样的地方种槐，可以提醒百姓进入司法机关时要庄重肃穆，也可以提醒官员要对君王持有忠诚、对百姓持有仁爱之心。

从上述诗人的这些诗句中可以看出，过去，人们不仅在宫观里种槐，在宫观的驰道旁种槐，而且似乎在城中所有的官道两旁都种槐，这说明古人对槐的重视程度之高，尤其被文人们赋予了人文内涵及文学意蕴以后，槐的吉祥、富贵、辅佐、庇护、功名、怀乡、招财、忠信、仁爱等特性则大放光彩，更加深入人心，槐荫万物的说法则更令百姓笃信不疑。

小　结

古树具有丰厚的文化属性，其文化属性中的文学属性，为古树增添了特有的风姿。它通过成语典故、诗词歌赋、神话传说和著作文献，记录和展示了树木文化的古老和璀璨；也通过文学主题的提炼、内涵的表达、不同种类古树的人文内涵及文学意蕴的表达和运用，诠释了什么是民族性格、民族感情和民族文化。某种程度上，可以说古树是国家形象和民族精神的象征，而古树文化属性中的文学性表达，则又是古树文化属性中一朵绚烂的奇葩。学习好古树的文学表达，掌握好古树的文学技巧，充分发挥好古树的文学特质，并把它很好地运用到实践当中去，对古树文化的弘扬大有裨益。同时，在表达传统文化中的不同寓意和精神诉求方面，也具有特殊的意义。

复习思考题

1. 什么是古树文学？其表现形式有哪些？
2. 古树文学主题包括哪些方面？怎样提炼古树文学主题？
3. 古树文学常用的文学手法有哪些？
4. 简述不同种类古树的人文内涵及文学意蕴。

第 *5* 章

古树的艺术属性

本章提要

古今中外的艺术家都对古树怀有特殊的感情，并以古树为题材创作了大量艺术作品，提高了古树题材艺术创作的水平。本章从古树题材作品的艺术性入手，对古今中外的绘画、盆景、影视等类别艺术作品加以叙述，探讨艺术家通过对古树题材作品表达方式，探求人类生活情感与古树及其生长环境之间的相互联系。本章通过对绘画案例进行分析，阐述古树作为审美对象的艺术特征，从而提高读者对古树题材艺术作品的鉴赏力。

从古至今，人们对古树饱含一种深厚的情感，并以各种艺术手段为载体来记录或表现。无论是西方还是东方的文化中，其有关古树的艺术作品，都能够很好地体现人与自然的关系。古树作为大自然生态环境中的重要物象，成为各个艺术门类所表现的对象。

5.1 古树的艺术表达方式

古树以其优美的形态、丰富的人文内涵，为艺术创作提供了丰富的素材。除了以古树为题材的神话传说、人物事迹、历史典故、诗词歌赋等文学艺术之外，还包括绘画、盆景、影视创作等。

5.1.1 绘画

古树巨大的空间体量、独特的造型、独特的生存面貌等为古树题材的艺术创作提供了丰厚的土壤。在绘画中主要运用线条、色彩、光影效果、空间布局和对比度等绘画要素，来表现出古树的独特之美。衡量古树题材作品的艺术价值主要从以下几个方面着眼：古树艺术形象的历史性和典型性、艺术手法的准确性和多样性、艺术表现的民族性和创新性等。

5.1.1.1 古树绘画概念

绘画是通过线条、色彩、光线、构图等艺术手段，塑造出人们可以直接感受到的视觉形象，并以此来反映现实生活、表达人们的思想感情的艺术。作为艺术表现形式中较为传统的创作方式，绘画具有通过视觉表象来呈现作品的特点，将物体从三维的空间形态转换成二维的图案或图像，在艺术形态表现中具有无可替代的作用。通过古树题材的绘画，可以展现古树的形态、色彩及空间属性，以及表达创作者的志向、情感。

5.1.1.2　古树绘画情感表达（画意）

历代画家的古树绘画作品，一方面再现了古树自然美的风采，另一方面通过托物抒怀，反映了人们的情感、意志和愿望，进而在一定程度上体现了民族精神和时代气息。

在表现古树自然美方面，最易入画的是遗存在地表的千年古木，其姿态万千，富于张力。还有古树根深叶茂、浑朴高迈的气象外表，也更容易激发艺术家的创作灵感。例如《千里江山图》（图 5-1）是北宋青绿山水画派代表人物王希孟的代表作。整幅画作全景式长卷构图，青绿小调，景致平远，在很小的画幅中展现了极为广阔的自然山水。画中林木茂盛，错落有致，富有变化。形态上既有阳刚的线条来表现树木的力量，也有丰富的点染的叶片。整个场景表现了古树及其生长的自然环境。

图 5-1　《千里江山图》（北宋·王希孟　作）

再如，现代古树绘画作品大师齐友昌，其所有的树木绘画作品中，基本不出现人物，常把古树作为创作主体。构图采用满铺的结构，使古树在画面中的比重大大增加，突出了古树的力量感。墨色的晕染以焦墨、浓墨为主，与浅色的背景色产生了很强烈的对比（见彩图 18、彩图 19，图 5-2）。其《将军柏》（图 5-3）作品中，一棵苍劲的古柏树，树干苍劲有力，直冲云霄。这种气势和力度使得观者对将军柏的敬畏之心油然而生。

图 5-2　《闽南古梅》　　　　　　　图 5-3　《将军柏》
（齐友昌　作）　　　　　　　　　　（齐友昌　作）

　　在托物抒怀，反映人们的情感、意志和愿望方面，艺术家们常常利用古树的老而弥坚、苍而愈茂、自强不息的特征来象征某种高尚品格或积极的精神。例如，当代作家梁衡通过绘画寄托情感，表达抱负，其在写作过程中觉得其丰富的情感用文字难以充分表达，就使用配图的方式来对文字进行补充，形成了文字与绘画结合的方式，展示这些集审美价值和精神内涵为一体的古树（图 5-4、图 5-5）。通过富有画面感的浓墨线和淡墨皴擦树皮的搭配，来展示千年古树的雄浑枝丫、遒劲沧桑、清奇古怪及其独特的文化内涵，起到文字与绘画、审美与逻辑的跨越式交融。图 5-6、图 5-7 表达了对毛泽东、彭德怀等老一辈无产阶级革命家的深厚情感。

图 5-4　《中华版图柏》　　　　　　图 5-5　《百年震柳》
（汤成难　作）　　　　　　　　　　（汤成难　作）

图 5-6 《徽饶古道坚强树》
（汤成难 作）

图 5-7 《带伤的重阳木》
（汤成难 作）

人们还用绘画的方式表现某些民族精神，如人们在古树题材绘画中常看到这样的画面：高大的树木遭受雷电的袭击，而古树周遭的植物就得到了较好的生存保障，这表现出古树的担当精神，这也是民族精神。还有其他象征如不屈不挠的精神、顽强拼搏的精神、积极向上的精神、逆境抗争的精神等。

古树绘画艺术创作可以让画作更加富有艺术情境，在古树绘画中融入更多的内在情感，同时增强画作整体意境，让画作与观者产生共鸣。这也是古树绘画艺术创作的核心——即古树绘画的情与境。

5.1.2 盆景

盆景，是以植物、山石为基本材料在盆内表现自然景观的艺术品。盆景的分类一般有三种：树木盆景、山水盆景以及意象盆景。树木盆景主要借助一种植物来完成创作。山水盆景注重区域环境的重现，往往以山水小品的景致实现植物、石材和水的重构。而意象盆景则带有一定的哲学意味，以引人深思为其所长。这种以小见大的艺术门类因涉及植物的生长，创作难度也高于其他造景方式，有些作品创作周期可达数年乃至数十年。

盆景来源于自然，又高于自然，是萃取自然界美好的植物风光于方寸之地的艺术表现形式，因为古树所具有的独特形态、美感和意境，因此盆景创作的客体和灵感多来自古树。

中国盆景分成许多流派，传统的五大派别包括：扬派、岭南派、川派、苏派、海派，若再加上湖北、福建和浙江，就是人们常说的八大派。不同流派盆景各有特点，其表现古树的形式也各有不同：扬派的特点是片式，比较薄，层次分明，可细致观察古树树枝的形态；岭南派的特点是自然，自然生长、自然修剪，多能体现出古树在自然环境中的生长姿态，表达古树迎难而上的精神；川派的特点是"三弯九拐"，曲折变化的线条是其精髓；苏派擅长取法自然，鲜有斧凿痕迹；海派的特点是饱满，在视觉上有种厚实的感觉。无论是哪种形式和派别的盆景，均可以通过归纳概括再现古树的形态与其独特的生境。从盆景艺术作品中，人们能感受到古树的强大生命力和其独特的美感（图 5-8至图 5-10）。

5.1.3　影视

作为融合视觉和听觉的艺术形式，影视作品也常常通过古树题材的创作来寄托情感和凸显主题。在这些影视作品中，古树往往被赋予特殊的精神内涵和神奇力量。

电影《阿凡达》是一部科幻电影。电影中纳威族的圣树灵魂树，保管着这片土地的所有灵魂和记忆，纳威人在这里祈祷、获得共鸣。电影中的神树是一种无形的力量，大树与大地连接起来能够复苏生命，男主角最后也在灵魂树的影响下获得新生。影片中整个潘多拉星球的树木之间形成了一个巨大的网络，树通过根部的电化学物质的传递而连接和交流，这个网络中储存着巨量的信息，其中保存着阿凡达部落的祖先文化和历史，也是各个生命体的灵魂寄托之地。电影运用计算机辅助设计来表现整个星球的环境，特别是古树的模型建构和渲染投入了很大精力。巧妙使用近景和中景，近景主要体现神树的生命特征以及与生物之间的互动关系（图 5-11）。中景强调了生机勃勃的森林特征，为神树的生长环境作了很好的铺垫，展现了一棵完全虚拟的古树其独特的审美价值（图 5-12）。影片用多种信息来表现对于神树的保护和敬重，阐述万物关联的环境观念。

电影《怦然心动》讲述的是两位少年即朱莉贝克和布莱斯罗斯基之间的初恋故事。除了剧中独特又难忘的青少年恋情给观众留下深刻印象之外，贯穿于电影始终的梧桐树也有着丰富的象征意义。梧桐树烘托了主人公情

图 5-8　岭南派盆景（1）（曹明君，2010）

图 5-9　岭南派盆景（2）（曹明君，2010）

图 5-10　川派盆景（曹明君，2010）

图 5-11　神树近景（图片来源：电影《阿凡达》）

图 5-12　神树中景（图片来源：电影《阿凡达》）

图 5-13　梧桐树仰拍手法
（图片来源：电影《怦然心动》）

图 5-14　梧桐树
（图片来源：电影《怦然心动》）

感的起伏变化，因此对于梧桐树的表现就显得非常重要。梧桐树的塑造采用写实手法，在拍摄时使用仰拍的手法展现大树的体态特征，表现其雄壮有力的树干，人物与古树的尺度对比也清晰地被表达出来(图 5-13)。通过女主角的故事体现梧桐树是她心灵上的一种寄托，同时也是打开视野的一种力量，就算梧桐树最后被砍掉，但是寄托在古树上的情怀在她心中永远不变，表达了对梧桐树真切的敬仰和爱护(图 5-14)。梧桐树是电影中一道独特的风景线，也是一条隐蔽的线索，推动着故事的发展，它是女主角的精神乐园，见证着主人公的成长，具有很强的象征意义。

5.2　古树的艺术表达

在绘画艺术上，作品包含了艺术家的观察、理解和创造，也是所有艺术门类中和视觉关联最紧密的。因此绘画也常常用来描绘表现古树这一特殊审美对象。表达手法上主要包括对古树形态的再现与重构、古树空间的艺术处理。

5.2.1　自然的再现与重构

绘画不仅描绘了古树的自然风采，还在一定程度上反映时代风貌。无论 19 世纪盛行的西方现实主义画派作品，还是中国历代山水画家的作品中，有关古树绘画都有写实或写意画法的运用，也就是对古树进行艺术上的还原与再现、重组与重构。

5.2.1.1　西方油画中古树的还原与再现

西方的古树绘画以油画为主。其古树绘画中的物象多用色彩的深浅、光线的明暗来表现，就如同光影照在物体上再反射进入人们眼睛的那种真实感。在很长一段时间，西方油画所追求的，是在色彩的冷与暖、厚与薄、深与浅、淡与浓等多组关系中，营造出直观的较为真实视觉效果，比较符合人的视觉感知机制。所以油画中关于古树的描绘，大多通过场景、光影、质感、色彩上的处理，还原与再现古树的特殊形态。

俄国的伊凡·伊凡诺维奇·希施金为 19 世纪后期现实主义风景画的奠基人之一，他的风景画大多描绘了生机勃勃的大树，其中许多都是分量感十足的古树，他被人们誉为"森林的歌手"。希施金的《橡树林》（图 5-15）创作于 1887 年，这是一幅表现阳光照耀下的橡树林，树干粗壮有力，树叶疏密有致，古老森林的厚重密实感被描绘得淋漓尽致。希施金所描绘的树木，无论是独株，还是丛林，都带有雄伟的气质。希施金一生中所描绘的风景画雄伟壮丽，专注于森林的光影幻化，给人们留下了深刻的印象。

图 5-15　《橡树林》（［俄］伊凡·伊凡诺维奇·希施金　作）

5.2.1.2　中国山水画古树的重组与重构

中国古树题材的绘画主要是山水画。靠线条的重组与重构来强化画面的整体效果，这也被认为是山水画的灵魂所在。除青绿山水等类型外，多数山水画并不突出色彩的视觉冲击，在某种意义上色彩是从属性的。这与中国传统道家、儒家思想中追求"淡"的雅致的美学观念密不可分。因此，中国山水画的色彩往往是在高度归纳之后，适当减弱了色彩的纯度。中国画的创作更强调空间的大量留白，古树多意向化。也就是说中国山水画中对古树的理解并不是仅限于视觉直观，很大程度上有更多的联想和想象。

图 5-16 《关山行旅图》（五代·关仝 作）

在历代画家的山水绘画作品中，古树的出现频次相当高。一方面再现了古树的万千形态，在画面结构上产生独特的形态组合；另一方面艺术家借物抒怀，在具象的古树中融入了抽象的情感。

由于各地区山水成因复杂，因此不同地域往往有其独特的地理环境和气候特征，其古树山水画也呈现不同的风格和特点。例如，五代时期一些画家走进自然，创作了真实生动的北方重峦峻岭和江南的秀丽风光。在北方以荆浩、关仝为代表；南方以董源、巨然为代表，形成了两种不同的绘画风格，成为区域山水风貌画派的开创者。北方画派代表人物关仝（约907—960年），长安（今陕西西安）人，五代后梁画家，早年师法荆浩，刻苦学习画法。关仝的个人风格鲜明突出，被人称为"关家山水"，他多描绘关陕一带山水。关陕一带山川山势险峻、气势雄伟，他写景绘形的古树则概括提炼，景少意长。关仝所作《关山行旅图》（图5-16）的山间树木，均是空枝无叶或有枝无干，体现北方深山中幽僻荒寒的气氛。墨色焦重与浅色背景形成了有力对比，这种与山势相融的古树形态给人们深刻的印象。南方画派代表人物董源，洪州钟陵（今江西省进贤县钟陵乡）人，五代绘画大师，南派山水画开山鼻祖，与李成、范宽并称"北宋三大家"。董源的作品带有江南山水的俊秀气息。他通过大量观察将江南风光细致入微地体现在其画作之中，画出了江南山水的灵魂。董源所作《夏山图》（图5-17）采用独特的技法体现南方土质松软、山势舒缓平朗的特点，再以重墨点缀苔藓和树木，

图 5-17　**《夏山图》**（五代·董源　作）（苏国强，2021）

体现江南林木茂盛的润泽之气。山间树木生机盎然，枝繁叶茂与层层山脉形成对比，彰显了南方夏日草木蓊郁的景色，呈现与北方完全不同的艺术效果。

　　明代为中国山水画创作最为鼎盛的时期，其中不乏古树主题的名作。明代后期著名书画大师董其昌，其山水系列画中所绘的树木《葑泾访古图》（见彩图 20），枯荣相杂，不求逼真写实，只注重其意象的表达。通过将山林游历过程加以重构，来加强画面的整体表现效果，使得古树整体的特质得到了强化。明代杰出画家蓝瑛所绘的《古树归鸦》（见彩图21）图轴，画面中近景和中景描绘了几株古树，直入云天，树干粗壮，满树红花，树下花草以浓色罩染。坡石形态复杂多变，勾勒的线条转折丰富，很好地概括了古树生长的生境。石上苔藓用浓墨点之，加重了对比程度，使近景向观者拉近。一位闲士悠然独卧，遥望远空，群鸦密集显得空中十分聒噪。远景以淡色渲染，迷蒙的云雾中有半隐的远山。近处红花绿树和远处的青山，遥相呼应，画风秀逸疏拓，充满勃勃生机。

5.2.2　空间的艺术表达

　　古树大多具有较大的空间尺度，如何在绘画中表达这种独特的尺度是艺术家们非常重视的问题。东西方文化在表达的途径上差异较大，主要体现在透视手法的运用方法上。

5.2.2.1　油画焦点透视与色彩塑造空间

　　西方传统绘画采用的透视方法为焦点法，这种透视方法完全符合影像的视觉响应机制。因此在绘画的空间塑造上比较直接，所见即所得。例如，俄国著名风景画家希施金创作的油画《松林的早晨》（图 5-18），通过精妙的技法描绘了松林的壮美，画中那些摇曳多姿的林木昂然挺立，雄伟豪放。画面构图非常紧凑，除了中心上部露出少量的天空，其余均为树林场景。画中分为近景、中景和远景，通过色彩的渐变加强了空间感。前景中活泼可爱的小熊围绕着折断的老树玩耍。细节刻画上对折断的树干、生长的枝叶、盘曲的根部、附着的苔藓进行了写实描绘。中景中，作者对于松树的描绘独具匠心，左侧紧凑，右侧舒朗，尤其是阳光照在树枝上使画面显得更为通透。远景松林罩染出一层薄雾，削弱了树林和空间环境的对比，一种一眼无法望尽的空间透视感就此跃然纸上。

5.2.2.2　中国画散点透视与夸张重组空间

　　中国传统山水画中的透视方法基本采用的是散点法。整幅画面所呈现的山水景观并不能够做到与实际场景的一一对应，也就是说现实中找不到一处观测点，可以一眼看尽整个画面。对应到实际的空间尺度的塑造手法，则以夸张为主。但是这些夸张也是基于一定的现实空间布局的基础和实际的尺度参照物，具体有人物、房屋、古树……其中最重要的就是古树。布颜图在《画学心法问答》中曾说："凡画山水，林木当先，峰峦居后。峰峦者山

图 5-18 《松林的早晨》（［俄］伊凡·伊凡诺维奇·希施金 作）

之骨骼，林木者山之眉目，未见骨骼，先见眉目，故林木须要精彩。譬诸人形骨骼匀停，而眉目俗恶，乌得成佳士？譬诸军旅，前锋不扬，何以张后队？故古人未练石先练树。"所以古树在山水画中有着重要的地位，是山水画中的构图骨干和尺度参照物。

在山水绘画中，古树线条的夸张运用在画面空间上有着至关重要的作用，树干线条的虚实夸张可区分空间的近、中、远景。如在《树色平远图》（图 5-19）这幅画作中，画家郭熙以河为界将画面分作前后两部分。前景中描绘河流近岸，平地坡石，其上古树数丛，枝干盘曲伸张，树上枯藤缠绕、垂蔓点水，形成了画面的主景部分。这部分景物清寒枯硬，古树似鹿角蟹爪，笔法灵活多变，线条坚硬扎实，墨色焦重，充分体现了"实"的夸张。远景画面以平远布局，构景简洁，开阔而均衡，墨色浅淡，晕染圆润湿润，很好体现了远景的"虚"，其境界清旷平淡。在这幅作品空间表现中，画者把"夸张"的表现手法发挥得淋漓尽致，把这些在现实中具有约定俗成尺寸的物象在空间尺度上进行放大或缩小，不仅使古树在画面中表现出比较明显的巨大体量，同时使古树的枝干牢牢占据了整个画面的视觉中心，描绘了河流两岸树色平远的景色，意境清幽闲淡，充分展示了其意在林泉的高逸之心。

图 5-19 《树色平远图》（北宋·郭熙 作）

再如画家李可染创作的《湖边杨柳》
（图5-20），画中同样运用了夸张的空间
表现手法，近景中两株古树异常高大，
笔法上夸张且简洁，尤其是树与树之间
出现了交叉和上下的前后关系，形成了
满幅古树的密实效果。透过近树可以隐
约看到远树、远山，单一的画面效果就
产生了空间上的纵深感，使古树与其他
树林的空间布局进一步明确。其次建筑、
湖水的尺度并不很大，古树在画面中形
象变得更加挺拔高大。由此体现出了古
树的形象与空间尺度的重要关系。画家
在以孤山为背景的映衬下，似透非透地
展现出树影婆娑的光影变化和西湖美景。

图 5-20　《湖边杨柳》（1956年）（李可染　作）

《早春图》（图5-21）是北宋宫廷画
师郭熙的一幅精品画作，以全景式高远、
平远、深远手法相结合，属于典型的散
点透视。构图上将主要景物集中在中轴
线上，视觉效果比较厚重稳固。在空间
表现上也是通过夸张的手法，使得古树
在整幅画面中占有重要的分量，单株古
树高度大约占到了整幅画高的五分之一。
两株古松树的造型都比较完整，墨色运
用十分大胆，尤其是树干部分大量使用
了焦墨和留白，有比较明显的黑白对比
效果，这种黑白的强烈对比，既能标注
近景的范围，也可以增强古树主体的视
觉效果。远景中的树则淡墨虚写，这种
前后空间在虚实上的夸张，产生了极似自
然丛林景色的画面效果。从取舍的角度来
看，树叶的弱化才能将古树后面的山石显
现出来。如果没有夸张概括，前景中的物
象将在一团浓墨中难以辨识。

古树是中国山水画体系中突显空间
尺度的主要要素，而夸张手法在山水画
中有着较好的艺术表现效果，再加上散
点透视这种空间营造方式，以及经过全
方位经营布置后的意象空间，为山水画

图 5-21　《早春图》（北宋·郭熙　作）

创作提供了丰富的表现形式。

5.2.3 古树艺术表现技法

在以古树为主题的艺术表达中，绘画始终占据着重要地位，其原因主要是绘画是一种最直观的视觉艺术，对于古树的描绘有着较多的技术途径和较好的表现效果。人们通过大量的绘画技巧来展示古树的形态美、色彩美与其生长环境的美。在东西方不同的文化背景下，绘画技法有着明显的差异，这些差异体现在画面效果上，能够给欣赏者带来更加丰富的精神感受。

5.2.3.1 西方油画主要技法

在西方油画中对树的表达，多以风景画的形式出现，在艺术表达技法上多是再现风景的形态、光影，由此展现人对于大自然最直接的视觉记忆。西方画家在选择古树时，多会选择处于风景优美地带、形态优美的树作为艺术表达的对象，画种上以油画和水彩居多。因油画的表现力更强，且利于后期保存，因此油画作品中的古树更为常见。

在树的表现技法上，艺术家大多会以几种不同的技法融合在一起使用。现实主义所描绘的古树不会过多地使用形态的重组，而更多的是围绕光影的幻化来呈现效果。例如，伊凡·伊凡诺维奇·希施金，在绘画中将几种技法进行综合运用，注重写实及光影感觉，在明暗交界线的处理与虚实关系处理上也遵从写实的原则，画面给人以相机拍摄般的真实感。古树的细节描绘也十分到位，在油画作品《在平静的原野上》(图5-22)这幅作品中，树木虽然较远，但是通过体块式的形体概括，加上方向和大小都有丰富变化的笔触和对树叶细节的表现，使古树这个单一主体呈现了完整浑厚的体积感。画面的色调以淡冷灰色为主，辅以光照下的暖黄绿色，呈现了明与暗、冷与暖的整体色彩均衡性，很好地突出了画作的主题。希施金在另外一幅作品《栎树》(图5-23)在描绘中，熟练运用擦、揉等表达技法，生动写实地表现了大树的树干、枝条、树叶等部分，偏暖亮色系的黄绿色很好地表现出阳光与树木之间的关系。构图上虽是对整体环境的表达，但是中心树木的主体地位十分突出。

图5-22 《在平静的原野上》   图5-23 《栎树》*
([俄]伊凡·伊凡诺维奇·希施金 作)   ([俄]伊凡·伊凡诺维奇·希施金 作)

---

* 栎树又称橡树，栎与橡指同一类树种。这里的《栎树》作品名称为在国内出版的各种书籍中约定俗成的译名。

图 5-24 《马尔利树林》（卡米耶·
毕沙罗 作）（凤凰空间·天津，2021）

图 5-25 《有柏树的麦田》
（［荷兰］梵·高 作）

也有其他画派的画家对古树进行过描绘，如印象派大师卡米耶·毕沙罗在他的《马尔利树林》（图 5-24）画作中，展现了从马尔利城堡望向森林中一条小径的场景，他运用轻笔触技法绘制，在环境中体现与表达了树木与整个环境的关系，巧妙地捕捉树叶之间灵动的光线，树干、树枝的多变方向勾勒出小径的延伸感，给人一种意犹未尽的感觉。

荷兰后印象主义画家梵·高在《有柏树的麦田》（图 5-25）中运用摆、点等技法，所有的笔触似乎都在运动着，例如阳光般的金色麦田中的笔触像海浪一样流淌，高大柏树的笔触与向上的火焰非常相似。色彩上则极其夸张，所有色彩在饱和度上超出了传统写实风景画。这种鲜艳的色彩充分显现了画家对生活、对生命的敬畏与热爱。因此也有艺术评论家将这种绘画风格称为"精神的溢出"。其本质就是绘画发展到这里就不再满足于视觉效果的复制，而是更加突出和加强了精神的表达。

西方油画的艺术表达技法以色彩的调和为主，非常注意笔触的厚薄和方向上的变化。对古树的描绘以整体环境营造为主，兼顾古树与周围景色、建筑，并相互衬托。

5.2.3.2 中国画主要技法

古树多出现在中国画之山水画中，描绘树干及纹理时多采用白描技法，这是因为白描技法中的墨线能更加明了地概括出古树的结构与轮廓。

如梁衡画笔下的《死去活来七里槐》（图 5-26）就采用白描的表达技法，生动形象地表达出古树七里槐在时间打磨下的沧桑感和表皮的质感，把七里槐身上象征苦难的每一个瘤疤、古树身上每一条缝隙概括出来。

除了白描外，还有许多其他的中国画技法也能很好地描绘古树之美，如著名的古树绘画大师齐友

图 5-26 《死去活来的七里槐》
（梁衡 作）（《新湘评论》，2016）

图 5-27 《单家古槐》（齐友昌　作）（萧立，2013）

昌的古树水墨画作品《单家古槐》（图 5-27），就大量运用水墨画中的皴法，有力表现了古树的枝叶繁茂、树干的隆起与扭曲。墨色上给予线条焦墨、浓墨，树皮在皴擦之处着以淡彩色，用以加强树干的整体质感。树叶的描绘则因形而异，古槐树叶小而浓密，选用点染为主、罩染为辅的技法，表现了古槐树的整体特征。

5.3 古树艺术表现案例分析

古今中外，有许多艺术家以古树为题材进行艺术创作，古雅奇特的古树外形为艺术家们提供了丰富的绘画素材，也同时成为人们借绘画传情达意的重要精神载体。因此在整个艺术发展历程中涌现出相当多的优秀古树作品。下文按照绘画的不同特点和对古树的艺术表现，列举几个艺术表现案例，主要分为国外和国内两部分，国外以油画为主，国内则以山水画为主。从不同画种的典型性和代表性以及表现技法差异性出发，选取《松林》《蒙特枫丹的回忆》《造船用材林》《古树高士图》《遥峰泼翠图》《双桧平远图》6 幅典型绘画作品进行解读。

5.3.1 国外古树艺术表现案例

国外关于古树的风景画大多以油画为主，这种画种表现形式丰富多样，适合反复修改和进行细腻刻画，尤其擅长光影的表达和质感的描绘，使其成为表现古树的良好艺术形式。

下文选取 3 幅有代表性的描绘古树形象的油画风景作品。这些作品不仅对古树进行了细节刻画，同时充分展现了古树周围完整的生长环境。

5.3.1.1 《松林》

油画《松林》（图 5-28）的作者是伊凡·伊凡诺维奇·希施金。这幅画中前景再现了给森林带来生命的小溪，岸边散落的断木，远景高耸的森林。天上有飞鸟，林间有人物，这使得宁静的画面充满了生命的张力。林中树干多数高大笔直，在构图上支撑起整个画面，几株斜着的松树使画面更加丰富生动。在树木刻画的细节上，画家不厌其烦地描绘了树皮的纹理、松针的层次，色彩变化丰富而又细腻。除了完整展现森林的空间布局，也通过这些细节增加了画作的可读性和感染力。

图 5-28　《松林》（［俄］伊凡·伊凡诺维奇·希施金　作）

5.3.1.2　《蒙特枫丹的回忆》

《蒙特枫丹的回忆》（见彩图 22）是法国画家柯罗的代表作。画面中一株巨大的古树占据了大部分画面，与另一株纤细的小树遥相呼应，3 个在劳作的人物围在小树的周围。两棵树都向左侧随风倾斜着，给人一种朦胧柔和的感觉。这种构图避免了单一古树的单调，巧妙运用两次对比来突出古树的巨大空间体感。在色彩方面，运用明亮的浅灰色调来表达细致、丰富的光影变化，这类色彩具有宁静感，烘托出大自然温柔恬静的一面，给人一种朦朦胧胧的感觉。在暗部则选用十分通透和略带冷灰的色调来烘托整体氛围。在描绘树干和树枝时使用较为放松的线条直接描绘，树叶则采用平铺罩染和小点顿挫的画法。整个作品在技法上非常娴熟，有着丰富的表现力。

5.3.1.3　《造船用材林》

《造船用材林》（见彩图 23）将希施金的风景画艺术推向了一个新的巅峰。这幅画作分为近景和中景，近景中的小溪清澈见底，临近水面的周围环境倒映水中。温暖的阳光斜照在草地和小溪上，色调温馨，生机盎然。中景的树木在阳光照耀下呈现柔和的暖黄绿色，高大挺拔，几株弯曲的树干丰富了这种单一的垂直结构，密实的树林将远景遮盖得十分严

图 5-29 《古树高士图》(李可染 作)

实。光影对比非常强烈，给人以强光照射般的印象，将现实光影呈现得极为生动逼真。希施金把自己真挚而又深沉的情感都融入了对大自然的描绘中，该作品是他生前最后一幅巨作，达到了很高的艺术成就，也成为油画描绘古树在技法上难以逾越的一座高峰。

5.3.2　国内古树艺术表现案例

5.3.2.1　《古树高士图》——夸张手法

李可染(1907—1989年)，是中国近代杰出画家、诗人，尤擅长画山水、人物、牛。在山水画《古树高士图》(图 5-29)作品中，李可染运用了大开大合、大胆夸张的大写意技法，整图由于墨色凝重，甚至产生了类似剪影的画面效果。画中的两株古树前后错落，几乎占据整个画面，给人感觉气势雄浑伟岸，具有强有力的视觉冲击力。树干线条干练，显得强劲有力，树干的纹理简洁，干枯墨色的线条寥寥几笔将树干表皮的沧桑凝于画面。

5.3.2.2　《遥峰泼翠图》——空间处理

董其昌(1555—1636年)，字玄宰，号思白、香光居士，松江华亭(今上海闵行区马桥)人，明代书画家。他在山水画《遥峰泼翠图》(图 5-30)的绘制中采用了大量留白的构图形式。画中远景是山体，笔墨简单，仅有一笔重墨，其余均用淡墨交代，突出了山体的空旷高远。中景部分是一隅坡脚，在坡脚上矗立着几株小树，取众木成林之意。近景便是这幅作品的中心，3 株古树前后交错而立，以斜切的方式几乎占据了画面的整个右下角。3 株老树中间的夹叶树*是这幅画的主体，也是描绘得最详细的一棵树，中间树的树干姿态摇曳，树叶描绘详尽，三五成组。旁边的两株树主要对树冠形态进行概括，在树干上没有做过多的修饰，而是充分发挥泼墨的效果，通过大笔铺设焦墨，与前面夹叶树的树叶形成强烈的黑白对比。整幅立轴不设色，整体效果非常清秀，细节也非常清晰，大量的留白给人一种空旷宁静的意境。

5.3.2.3　《双桧平远图》——主次对比

山水画《双桧平远图》(图 5-31)是"元四家"之一的吴镇(1280—1354年)的力作。作为画面主体的两株古桧(圆柏)盘旋而立，视觉上几乎占满了整个画面。画中两株桧树用墨线勾勒出树干，并辅以树皮的皴擦和罩染，线条干净有力，树干下方笔直而立，中间和上方的树干反复扭曲转折，呈现盘旋缠绕的交织状结构，使树干的态势非常生动。树叶施以浓墨，寥寥几簇树叶便概括出树冠的形态。两桧枝干庞大的体型和后面弱化的山体形成鲜明的对比，更显出双桧的高大、雄伟，营造了一种寂静、幽旷、凄清的艺术氛围。

---

* 夹叶树：是中国画的一种画法，首先将树叶的形态概括出来，然后填充在树干树枝的周围，使之形成一种对比很强的画面效果。

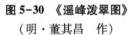

图 5-30 《遥峰泼翠图》
（明·董其昌　作）

图 5-31 《双桧平远图》（元·吴镇　作）（洪再新，2000）

小　结

　　本章聚焦古树的艺术性，着重探讨了古树在绘画中的艺术表达。首先介绍了绘画、盆景、影视 3 种古树艺术表现方式。随后通过西方油画与中国画的对比，指出自然的再现与重构、空间尺度表达、表现技法 3 个维度的古树艺术表达方式。在案例分析上主要以国外风景油画和国内山水画为例，分析绘画作品如何通过不同的表达技法体现不同古树的特质，通过鉴赏分析古树绘画，使读者更好地理解古树的艺术性。

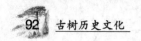

复习思考题

1. 古树的艺术表达方式有哪些？
2. 山水国画和油画在古树艺术表现手法上的区别是什么？
3. 请举例说明其他古树的艺术表达方式。
4. 通过对古树不同艺术形式的作品鉴赏，你认为古树美主要体现在哪些方面？

第 **6** 章

古树的社会属性

本章提要

　　本章主要介绍古树文化属性之社会属性。古树在自然界生长过程中，不但具有高大伟岸的躯干、婆娑如盖的树冠等自然属性，具有保持水土、防风固沙、吸碳释氧、净化空气等生态功能，它还具有让人们从其特性中获得精神启迪的特性，即社会属性。通过认识和了解古树的社会性，如文化性、寄托性、教化性、象征性等，启发人们保护爱护古树、保护生态环境的意识，提高人们利用自然和改造自然的能力。

6.1　古树社会属性的概念与内涵

6.1.1　古树的社会属性概念

　　通常情况下，社会性是生物作为集体活动中的个体或作为社会的一员而活动时所表现出的有利于集体和社会发展的特性。社会性是个体不能脱离社会而孤立生存的属性。

　　古树的社会属性是指古树自然属性之外所蕴含的、对人类社会发展，特别是对维护良好的人类生存环境起到一定启迪借鉴作用的特性。古树在自然界生存过程中不能脱离社会而孤立存在，人类与树木之间、树木与环境之间、树与树之间、树木与其他动植物之间相互联系，又相互作用，从而表现出利他性、协作性、依赖性等利于社会发展的特性。古树在与人类的共同生存中，赋予了美好的文化内涵，体现着历史文化的人文精神，表现出古树独特的社会性。

6.1.2　古树的社会属性内涵

　　古树以其丰富的文化内涵与社会环境之间发生广泛的联系，它与人类的生产生活相依相伴，并相互影响。随着人类文明的出现，人和植物之间出现选择与被选择的关系，古树所具有的社会属性逐渐超越其自然属性，成为一种重要的文化载体。

　　人类最初从树木中采摘果实、获取木材，产生了对树木的生存依赖；从树木长寿、伟岸身躯的特性，萌生了对树木的审美；从先人造字到树木见证了一些重要历史事件，以及与当地民俗文化相交融，映射出树木具有丰富多彩的文化内涵；从人类在生活中无法从自身去实现的美好愿望，到对树木的精神寄托；从树木演绎出的神话传说、历史故事，到对后人的启迪教化；从树木的顽强向上、不畏严寒的特性，到对人们高尚品格的代名词。这些都彰显了古树社会属性丰富的文化内涵。

6.2　古树的社会属性表现

　　树木在自然界生长过程中，时时刻刻都在与人类发生着联系，树木与人类共同生存中，逐渐赋予独特的社会属性，具体包括文化属性、寄托属性、教化属性、象征属性、文学属性、艺术属性等。关于文学性、艺术性，本书其他章节有专门论述，本章不作赘述。

6.2.1　文化属性

　　古树在漫长的生长过程中，伴随着人类文明的不断进步，或与人类的历史文化同步发展，或与人类的民俗文化相交融，或随着人类文学文化的发展而不断丰富。

6.2.1.1　历史文化

(1) 天干地支与古树

　　在远古时代，我国长期以农耕为主，如何根据气候变化确定农耕时间十分重要。于是我们的祖先通过观察太阳运行情况和树木生长规律，订立了二十四节气，发明创造了天干地支用以指导农业生产。

　　干支，顾名思义，是主干和枝丫的意思。有干有"支"，这才是一棵完整的树。因此天干在上、地支在下，这样组合起来才是一个完整的整体。古人最初对天干、地支的命名确实有这层含义。

　　天干：干者犹树之干也。

　　甲：像草木破土而萌，阳在内而被阴包裹。

　　乙：草木初生，枝叶柔软屈曲。

　　丙：炳也，如赫赫太阳、炎炎火光，万物皆炳燃著见而光明。

　　丁：草木成长壮实，好比人的成丁。

　　戊：茂盛也，象征大地草木茂盛繁荣。

　　……

(2) 古代官称与古树

　　在《千字文》里有"府罗将相，路侠槐卿"的词句。"槐卿"为"三槐九卿"的简称。据周代《周礼·秋官·朝士》记载："面三槐，三公位焉。"所谓"三槐"，就是朝廷第一道大门外栽植的三株槐树，象征司徒、司马、司空三公的品位，拿现代话说，相当于国家的"总理""国防部长""司法部长"等中央内阁大臣。第二道大门左右各种九株槐树，称为"九棘"，以其分别代表朝臣的官位。左九棘象征孤、卿、大夫等品位，群士在其后；右九棘象征公、侯、伯、子、男等品位，群吏在其后。因而槐树被当时的人们视作辅佐朝政、治理国家的哲理象征。后又演变出抽象的人文含义，成了官职的代名词，宰辅大臣则有"槐宰""槐岳"和"槐卿"的雅称，更有赞誉为官者德高望重的"槐望"之词。

(3)姓氏与古树

中国人的"姓氏"源远流长，据说起源于太古母系氏族社会，伏羲氏就开始"正姓氏，别婚姻"。但先秦时代的"姓和氏"是两个不同的概念，"姓"产生于母系氏族社会，为同族集团的名称；"氏"是姓的分支，表示部落分支之名称，用于区别子孙之所出。

"姓氏"来源于多个方面，或来源于自然界的山川河流，或来源于自然界的万事万物，如天上飞的、地上跑的、水里游的野生动物和地上长的花草树木，或来源于日常生活中柴米油盐烟酒茶等。

在众多的姓氏中，与树木、植物有关的就有"杨、柳、桑、柏、松、栗、槐、李、林、栾、梅、花、叶、柴、桂"等姓氏，可以说，"姓氏"与树木息息相关。

(4)地名与古树

随着人类的不断繁衍，人类的居住地如果有明显的山川河流，则很容易以这些标志命名地域名称，如山东、山西，河南、河北。但如果是平原或者是没有明显标志物的地区却很难命名地名。古人为了给自己的居住地起个名字，以便与其他地区人们进行交流，便常常以居住地种植的或保存的大树作标志并命名地域名称，这在我国历史的史书中能够找到确凿证据。据《周礼·地官司徒·大司徒》记载："设其社稷之壝而树之田主，各以其野之所宜木，遂以名其社与其野。"意思是说在其居住之地栽植树木，栽什么树就叫什么地名。全国各地至今就有很多地方以树木起的地名，以北京为例，就有"五棵松、垂杨柳；槐柏寺街、枣林前街；桃园、杏园、梨园、桑园、松园、槐园、苹果园；檀峪、松树峪、酸枣峪；椴木沟、梨树沟、柳沟"等，这些都是用树木的名称定名一个地区或一个地域。同时可以看出其命名的一些特点，即一般以"果树"命名的地名，多是以"果树名称"加"园"字；而在山区，多是以"树木名称"加"峪"字；对于"水沟、山沟"命名的地名，多是以"树木名称"加"沟"字。以上情况足以说明树木在确定一个地区地名时的重要性。

(5)坟地栽树

早在周朝，对不同等级的人在死后修建坟墓的高度和种植的树种，都有严格等级规定。据《周礼·春官冢人》记载："以爵等为丘封之度与其树数"，说的是根据官爵的大小确定坟的高度、种植树木的株数。另据《春秋纬》记载："天子坟（地上封土部分）高三仞，树以松；诸侯半之，树以柏；大夫八尺，树以栾；士四尺，树以槐；庶人无坟，树以杨柳"。这也说明在那个年代，普通老百姓死后不允许在地面封土建坟，只能栽些杨树和柳树作为标记。充分说明古代坟地栽树必须遵照一定的规制。

(6)造字与古树

在我们的祖先最初造字时，主要以象形为主。但到了秦汉时期，因为中原地带已经进入农耕为主时代，汉字的造字取向也就随之向植物方向发展。据统计，在《说文解字》中以"草木竹禾"为偏旁部首的字就高达 1227 字，约占《说文解字》总字数的 12%。现实生活中，以"草木竹禾"为偏旁部首的字不胜枚举，如草药、簸箕、笔筒、笙箫、桥梁、桌椅、楼梯、榜样、楷模等。

表意的汉字将树木的自然属性赋予了很多文化内涵和社会属性，例如，由于树木具有追逐阳光、冲破一切阻力不断向上生长的自然属性，先人在造字时，把让人们学习、工作时向什么样的人学习和看齐的词语,用"样板""榜样""标杆"和"楷模"等带"木"字偏旁的汉字来表达,鼓励人们积极向上、奋发图强。

(7)"封建"制度与古树

分封建国自周朝开始,即帝王把爵位及土地赐给王室成员及有功的臣子,分封地即可称一国,史称分封建国,"封建"一词也出于此。周朝共设立800个诸侯国,秦废除此做法,改为中央集权制。

千字文里有句"户封八县,家给千兵"的词语,说的是周朝,对于"三公九卿"的待遇,每户的"封地"可达8个县,每家的亲兵卫队可以达到千人以上。这里的"封"字属于会意字,封,从土从寸,"土"代表"分封的土地","寸"代表的是"树木",用两个"土"和树木的"树"的右边部首的"寸"组成"封"字,字意是植树于地上以明疆界。也就是说,给一个人"封地"之后,如何表示他的势力范围呢?那就在他的封地周边栽上树,即栽上边界林,在边界林范围内的都是他的国土,其他诸侯国不能越界。显然"树木"在当时那个年代,已经起到了"界碑"的作用,更成为一种"主权"的象征。

6.2.1.2 民俗文化

(1)传统节日

我国的传统节日有很多,比较熟悉的如春节、元宵节、中秋节、端午节等,与树木有关的节日有寒食节、清明节。清明节和寒食节是中国两大传统节日,清明节比寒食节晚1~2天,都是后人祭祖的重要节日。两个节日,缘自春秋五霸时期,说的是晋文公重耳因错误采纳下属意见放火烧山,将曾割肉救自己一命的忠臣介子推及其母亲,烧死在今山西绵山(又称介山)一棵古柳树下,对此他悔恨不已,于是下令这一日举国不许烧火做饭,只能吃凉的食物,后将此日定为"寒食节"的故事。"寒食节"又称"禁烟节""冷食节""百五节"。

"清明节"则是晋文公第二年到绵山祭奠介子推时,发现去年被烧死的古柳树又复活,联想起去年介子推用血书写给自己的那首诗:"割肉奉君尽丹心,但愿主公常清明。柳下做鬼终不悔,强似伴君作谏臣。倘若主公心有我,忆我之时常自省。臣在九泉心无悔,勤政清明复清明。"这是介子推提醒晋文公要做一个"清明勤政"的好君王。于是,晋文公便折下一柳树枝,编成柳圈戴在头上。祭奠完毕,晋文公给复活的老柳树赐名"清明柳",又把这天定为"清明节"。

自南北朝以来,为纪念介子推,每到寒食节和清明节,全国各地都会举行盛大祭奠活动,有上坟、踏青、荡秋千、吟诗等,其中还有一项就是"插柳"即"插柳于坟""插柳于衣袋"。《荆楚岁时记》中就有"江淮间寒食日家家折柳插门"的记载。民间还有:"清明(寒食)不戴柳,红颜成白首"之说。

(2)祈求平安

在中国,各地都有不同的民俗文化与树木有关。例如,在小孩出生时,为保佑母子平安,老年人总会在村子里一棵古树上系上红布条;逢年过节时,为了祈求平安或来年风调雨顺,也有人在古树上挂上祈福的红布条;有的地方还把古树当成这个地区的吉祥树世代保护。这些听起来好像有些迷信色彩,但很多古树却是因此而保留下来。一棵古树就是一个故事,一个故事代代相传就能保住一棵古树。

6.2.2　寄托属性

人们需要调节身心，却找不到身边真实的依靠时，就会去寻找一个不切实际的甚至是幻想的能够使自身精神愉悦的物体作为依靠，这就是精神寄托。在我们日常生活中，以"树木"作为精神寄托的例子有很多。

6.2.2.1　寄托乡愁

据史料记载，元末中原地区不但水患严重，大蝗灾也频发，致使中原地区人烟稀少，土地荒芜。明朝建立后，各地官吏纷纷向朝庭禀告各地荒凉情形，中原地区处处是"人力不至，久致荒芜，积骸成丘，居民鲜少"。为维护明王朝的封建统治，皇帝决定采纳重臣提出的移民屯田的建议，从此，一场大规模的历经 50 余年的移民高潮即始。据统计，自明朝洪武年间开始从山西洪洞迁往各省市的人共计 18 批次，目前，在全国 21 个省市有 881 个姓氏均来自山西。

为了避免迁徙的村民留恋家乡而返乡，当时规定，成建制（即整个村庄）迁走的村，不允许到迁徙地后再用原来的村名。但为了鼓励搬迁，先搬迁的可以用山西的一个县名命名村名，如现北京大兴区长子营镇的名字，就是来源于山西省的长子县的县名；同时一家几个儿子迁徙后不能分在一个村，也不能姓一个姓。北京大兴区长子营镇编写的《长子营史》记载："回翟常一个娘；魏梁陈一家人；崇刘顾是一户。"也佐证了以上说法的真实性。一代又一代过去，人们逐渐忘记从山西何地迁来，但却记住了祖辈说过的当时办理迁徙手续的地方（实为广济寺），那里有棵巨大的槐树（据说此槐栽植于汉朝，现广济寺内的槐树是汉槐死后重新栽植的）。凡是从山西迁徙到全国各地的人，一提起"问我祖先在何处？"都会说："山西洪洞大槐树"，可见树木与乡愁、与家国情怀的深厚关系。

6.2.2.2　寄托善恶

在封建社会，古树也常用来寄托善恶。

在北京东城区安定门内国子监街的孔庙大成殿前西侧，屹立着一棵巨柏，名"触奸柏"（又被老百姓称为"除奸柏"）。据说它是元代国子监第一任祭酒（大学校长）许衡所植，距今约 700 年。

相传在明嘉靖年间，奸相严嵩来孔庙代替皇帝祭孔，路过此柏时，被其枝干掀掉了乌纱帽。人们认为古柏有知，也痛恨奸臣，说它"严惩奸佞，意欲除之"，所以老百姓又叫它"除奸柏"。由于当时老百姓地位低下，知道奸臣当道却无能为力，只能借助树木表达为民除害的愿望。又传说在明天启年间，魏忠贤替皇帝祭孔，当他路过此柏时，忽然狂风大作，古柏上的一个大枝断落，正好打中魏的头，故人们又称其为"触奸柏"。这些故事，虽然有些牵强附会，但它反映了人民一种普遍的愿望，反映了老百姓希望为官一任造福一方的美好期盼。

6.2.3　教化属性

从古至今，我国有关古树的传说故事有很多，有为减少百姓疾苦，在树下为民断案解忧的周召伯，教化为官要以人民为中心，为人民服务的故事；有手持"汉节"甘作忠臣不二主、誓死不当亡国奴的爱国使者苏武的故事；有对于南宋朝廷一片赤胆忠心，写下了凛然正气的"臣心一片磁针石，不指南方誓不休"的文天祥的故事；还有近代抗日英雄被日本侵略者枪杀在古树下的故事。可以说，这些古树就是一本鲜活的教科书，它记录着爱民如子清官的高尚情操、爱国仁人志士一心爱国的家国情怀，为教育后人留下了动人的教材。

6.2.3.1　教育后人为官之道

"存以甘棠，去而益咏"，此句出自《千字文》，意思是说：一个人虽然离开了我们，但他的高尚精神和崇高品德还被后人传颂。

据《史记》记载，周武王同父异母的弟弟周召伯（又称周召公），当年主管陕西。召公悉心奉行其父周文王的德治思想，办事崇尚简朴之风。他为了减少老百姓到衙门打官司的远途劳顿，时常巡行乡邑亲自处理民间纠纷。他曾在陕西岐山县刘家塬村（也有说是在湖南上甘棠村）甘棠树（杜梨）下办公断案，以宣扬周文王的德政，深得百姓爱戴。后人怀念召公德政，思其德而爱其树，连他在下面办过公的那棵甘棠树也予以保护，不许任何人砍伐损坏。《诗经·召南·甘棠》曰："蔽芾甘棠，勿剪勿伐，召伯所茇；蔽芾甘棠，勿剪勿败，召伯所憩；蔽芾甘棠，勿剪勿拜，召伯所说。"为纪念召公，后人在甘棠树旁修建召公祠，祠内存有慈禧太后题词、光绪皇帝御赐的"甘棠遗爱"匾额一块。这也是成语"甘棠遗爱"的典故由来。周公伯虽然离开了，但他的精神永远被后人传颂。后世多以甘棠遗爱颂扬离去的有仁政的地方官。

6.2.3.2　教化人们积极向上的为人之道

楷模，是对品德高尚、受人尊敬、可为师表的模范榜样人物的尊称。楷模一词，出自孔子与周公（周公旦）坟冢前的两株古树。

楷树：《太平广记》引《述异记》："鲁曲阜孔子墓上，时多楷木。"清代的《广群芳谱》引《淮南草木谱》："楷木生孔子冢上，其干枝疏而不屈，以质得其直故也。"楷木，即黄连木。

模树：具体是什么树目前已无从考证，应是一种象征之意。据明代叶盛所著《水东日记》载："吴澄问吴正道曰：'模、楷二字假借乎？'吴举淮南王安《草木谱》以对曰：'昔模树生周公冢上，其叶春青，夏赤，秋白，冬黑，以色得其正也。楷木生孔子冢上，其余枝疏而不屈，以质得其直也。若正与直，可为法则。况在周、孔之冢乎？'"

后人因尊重孔子"教书育人、万代师表"的品格和敬重周公"明德慎罚、爱民如子"的品德，就把二位圣人坟墓前各长的一株树合称为"楷模"，让后人世代瞻仰，并一直作为教化人们要向好人好事看齐并积极向上的为人之道。

6.2.3.3　教育后人忠诚之道

在北京府学胡同腹地有一座文天祥祠，这里是南宋民族英雄文天祥当年遭囚禁和就义的地方。文丞相在这里宁死不降，并写下了凛然正气的《正气歌》："臣心一片磁针石，不指南方誓不休。"明洪武九年（1376年），为了纪念忠臣，在此建祠。在文天祥祠里有一棵枣树，相传就是文天祥被囚期间亲手所植。其主干不是向上笔直生长的，而是向南倾斜，与地面呈45°角，后来人们称此树为"指南树"，寓意着文天祥虽然身在大都，但是对于南宋朝廷一片赤胆忠心。将文天祥一身正气和他对于故国的忠诚，全部赋予了这棵枣树。

6.2.3.4　教育后人爱国之道

在北京市昌平区流村镇漆园村口，有一棵古槐树，树高 18m，胸径 124cm，冠幅东西 11m，南北 13m，树龄约 500 年。据记载，抗日战争时期，流村镇漆园村为革命老区。1943 年大年初一，日本侵略者和伪保警队在漆园村清剿八路军时，村干部刘永显为掩护八路军战士撤退，不顾生命与日本侵略者周旋，最后被抓住绑在村口这棵古槐树干上遭杀害，现树干上还留有枪眼。为了纪念刘永显，当地人把这棵树称作"抗日纪念槐"。这是日本帝国主义侵略中国，残害中国百姓的最好明证，也成为教育下一代铭记"勿忘国耻、振兴中华"爱国主义使命的活教材。

6.2.4　象征属性

在古树与人类长期的共生共存过程中，人们总会从古树的某种自然属性中挖掘出某种文化象征，或象征一种权力，或象征一种精神，或象征一种品格，或象征一种愿望，或象征一种文明。例如，通过不同官署官衙种植的不同树木发现，树木是一种地位的象征；通过"权杖"的含义发现，树木是一种权力的象征；通过古树在恶劣的环境中，不畏严寒顽强生长发现，古树是不屈不挠、坚韧不拔的象征；通过喜迎八方来客、象征和平的橄榄枝发现，树木可以成为和平的象征；通过古树资源的数量和保护质量发现，古树可以是一个国家和一个民族文明程度的象征等。

6.2.4.1　象征一种权力和地位

(1) 象征王权和皇权

考古资料表明，古埃及和中国都发现了不同形制的权杖。权杖等同于我国封建社会时期皇帝的玉玺，是权力和地位的象征。中国发现权杖的材质有木质、金质、青铜和玉石。

"权杖"二字之所以都用"木"字作为偏旁，实际上也说明了谁拥有的土地多，谁就拥有更多的资源。谁拥有更多的资源，谁的权力越大、地位也就越高。从有人类以来历朝历代所发生的战争，无不是为了掠夺资源而进行的。如何用文字表达"权力"？我们的祖先在创造"权杖"这两个字时，就选用了"封地"上拥有众多"树木"的"木"字旁作为"权杖"偏旁。

(2) 象征政治身份和地位

北京颐和园的"仁寿殿"曾是皇帝办公的场所，最初在院里栽植的都是松树(新中国成立后，又栽植了一些其他树木)。而在进门的第一个院落，也就是原来大臣们办公或候朝的院内，栽植的却是柏树。随着社会的发展，在不同的场所种植不同的树木，逐步演变为身份和地位的象征。

另外，中国古代一般把"鼎"作为权力和地位的象征，而古人又把"槐和鼎"联系在一起，用"槐鼎"来比喻"三公"之位，或者用来泛指执政大臣。如《后汉书·方术传论》有"越登槐鼎之位"的说法；《宋书·王弘传》也有"正位槐鼎，统理神州"的记载。由此可见，槐树已然成了政治地位的象征。

6.2.4.2　象征一种精神

位于山东省泰山脚下的岱庙，是泰山最大、最辉煌的古建筑群，它与北京的故宫、曲阜的孔庙并称"中国三大宫殿建筑群"。据记载，汉武帝刘彻曾 7 次登封泰山，植柏树千株，首开泰山植树之先河。其中，"汉柏凌寒"为双干连理，西边树干早年已死，腹中也曾被火烧过，但东边树干却以顽强的生命力，仅依靠树干北面 40cm 宽的树皮输送养分，自强不息，长留天地间。这种在树体受到严重损伤的情况下，还能够不畏严寒顽强生长，象征了不屈不挠、自强不息的精神。

6.2.4.3　象征一种品格

人们欣赏古树，经常会带着一定的思想感情而将古树人格化。松，高直挺拔、苍翠道劲、生命力顽强、四季常青，给人以阳刚坚毅之感。《论语·子罕》描述："岁寒，然后知松柏之后凋也。"它道出了真正高尚的品格要经过一系列严酷的考验才能被识别出的道理。经过多年的文化积淀，松，已然成了高贵、坚贞、长生的代名词，它作为"岁寒三友"——松、竹、梅中的一员，在中国文化中广泛应用。松树由于寿命长，可达千年以上，因此是长寿的象征，人们给老人祝寿时常说的一句话就是"寿比南山不老松"。松树象征奋勇顽强、坚贞不屈的革命精神，"要学那泰山顶上一青松"就是典型的例子。陶铸的散文《松树的风格》中有这样的描写："严寒冻不死它，干旱旱不坏它，它只是一味地无忧无虑地生长。松树的生命力可谓强矣！松树要求于人的可谓少矣！……要求于人的甚少，给予人的甚多，这就是松树的风格。……松树的风格中还包含着乐观主义的精神。你看它无论在严寒霜雪中和盛夏烈日中，总是精神奕奕，从来都不知道什么叫作忧郁和畏惧。我每次看到松树，想到它那种崇高的风格的时候，就联想到共产主义风格。我想，所谓共产主义风格，应该就是要求人的甚少，而给予人的却甚多的风格；所谓共产主义风格，应该就是为了人民的利益和事业不畏任何牺牲的风格。每一个具有共产主义风格的人，都应该像松树一样，不管在怎样恶劣的环境下，都能茁壮地生长、顽强地工作，永不被困难吓倒，永不屈服于恶劣环境。每一个具有共产主义风格的人，都应该具有松树那样的崇高品质，人们需要我们做什么，我们就去做什么，只要是为了人民的利益，粉身碎骨，赴汤蹈火也在所不惜。而且毫无怨言，永远浑身洋溢着革命的乐观主义精神。"

6.2.4.4　象征一种愿望

①迎客松　已成为中国人民热情好客，与世界人民友谊和平相处的象征。在黄山玉屏楼右侧文殊洞之上，迎客松倚青狮石破石而生，为黄山"四绝"之一。其一侧枝丫伸出，如人伸出一只臂膀欢迎远道而来的客人，另一侧枝优雅地斜倾下垂，雍容大度，姿态优美。迎客松既是黄山的标志性景观，也是中国与世界人民和平友谊的象征。从人民大会堂铁画《迎客松》到车站码头的各种艺术作品，经常能见到它的身影。

②橄榄枝　已成为世界和平的象征。橄榄枝的象征意义来源于"诺亚方舟"传说，描述的是在远古时期，因生态环境遭到人类的巨大破坏，于是自然界对人类进行惩罚，一场亘古未有的大洪水把人类全部吞没。当洪水消退，一只鸽子飞了回来，并衔着一根翠绿色的橄榄枝，这似乎是一个信息：大地恢复生机了，一切都和平了。此后，橄榄枝成为和平的

代名词，鸽子也被人们称作"和平的使者"，并被称为"和平鸽"。如今，在一些国家交往中，凡要表示友好愿望时，总会有摇橄榄枝或放飞和平鸽的场面。联合国的徽标图案是一双橄榄枝托着地球。同时，橄榄枝也是奥林匹克精神的象征，在古希腊传统中，会为体育优胜者加冕橄榄枝条做成的冕，橄榄枝做成的头冕也是奥林匹克运动会的荣誉之冠。

6.2.4.5 象征一种文明

①陕西黄帝陵"轩辕柏" 开启了中华民族生态文明建设的新纪元。相传 5000 多年前，轩辕黄帝在陕西省黄陵县桥山亲手植下一棵柏树，并生存至今。黄帝时期，不仅创造了文字、衣裳、医学、音乐、数学、历法等人文文化，还倡导人民植桑养蚕，发展农业，开创了华夏文化，同时也开启了中华民族生态文明建设的新纪元，这种植树传统至今我们仍在传承并不断发扬光大。

②丰富的古树名木资源，成为一个民族文明程度的象征 在世界文明发展史上，体现一个国家历史是否悠久、社会是否文明，其显著的一个标志就是看其历史文物的悠久和保存程度。一个国家古树名木资源的多少以及保护的好坏，是一个国家和民族历史是否悠久和文明程度高低的重要标志。20 世纪 70 年代初，美国前国务卿基辛格在参观游览中国天坛后，感慨地说了这样一段话："依美国的实力，像天坛这样的古建筑群，我们可以仿建若干组，但天坛里众多的古树，我们不论是花多少钱，采用多么先进的科学技术，也是无法仿造的。"

从 5000 多年前黄帝手植柏，到天坛、地坛、日坛月坛以致全国各地的名胜古迹保存的众多古树；从"植树造林、绿化祖国"到党的二十大报告中指出的："必须牢固树立和践行绿水青山就是金山银山的理念，站在人与自然和谐共生的高度谋划发展。"充分说明了保护环境的优良传统在代代传承，这就是中华民族悠久文明的最好说明。

6.3 典型案例

6.3.1 文化属性——河南汝阳柘桑树（柘树）

在河南汝阳县蔡店镇杜康村，有一株树龄 1300 多年的国家一级古树——柘桑树。此树高 6.8m，胸径 0.85m，又称"空桑酒树"。虽然树干多半已枯朽开裂，暴皮糙根，老态龙钟，但依然枝繁叶茂。

相传，周人杜康幼年家贫，居住于空桑涧（今汝阳杜康村西南），把吃剩下的米饭（秫）倒入一株古桑的树洞内。一个多月后，经过雨水浸润，黍米饭团竟奇迹般地化为甘洌醇香的"水"。杜康从"空桑秽饭，酝以稷麦，以成醇醪"中得到启发，反复研试，遂得酿酒之法，杜康酒得以问世。《酒诰》载："酒之所兴，肇自上皇；或云仪狄，一曰杜康；有饭不尽，委之空桑；积郁成味，久蓄气芳；本出于此，不由奇方。"杜康酒问世后，历代帝王视其为珍品。周平王迁都洛阳后，得尝杜康酒，感其佳，遂定为宫中御酒，并赐杜康村为"杜康仙庄"，杜康酒从此名扬天下。历史上，由杜康酒引申出来的杜康文化影响深远，曹操、杜甫、白居易、邵雍等多位名人大家，都对杜康酒念念不忘，留下了千古流传的诗句，如杜甫的"杜酒偏劳劝，张梨不外求"，白居易的"杜康能散闷，萱草解忘忧"，邵雍的"吃一杯杜康酒，醉乐陶陶"，最著名的当属曹操的那句"何以解忧，唯有杜康"。

尽管现存的古桑是当年杜康发现酿酒奥秘的那株空桑的后代，但在雕栏板上仍然镌刻着《空桑志》："古人杜康，幼时牧羊；有饭不尽，倾注空桑；适逢天水，偶得琼浆；尝而甘美，味亦芳香；康悟其理，遂成酿方；秫酒问世，铭记柘桑。"酒因柘桑而生，柘桑因酒闻名。

6.3.2　寄托属性——贵州册亨大黄葛树

在贵州省册亨县巧马镇伟贤村生长着一株古黄葛树，生长在布依族山寨中，树龄500余年。树高逾20m，胸径0.52m，冠幅平均直径60m，远观就像一把巨型大伞，近看树根似卧龙延伸数十米远。山寨中的人们对这株树有一种特殊的情感寄托，认为在这些参天大树上有救命保寨的神灵依附，能够年年月月、日日夜夜地守护着布依村寨。于是当地布依族村民视此树为"神树""龙树"，逢年过节，杀猪宰鸡敬奉树神，祈盼来年风调雨顺、人丁兴旺、五谷丰登、六畜兴旺。谁也不能随意砍伐神树，就是风吹雨打或干枯朽断下来的枝丫，也不能捡回家烧柴；也不能在神树周围有大小便、吐口水、开山挖石等有辱神树的行为，不然灾难会不期而降。由于纯朴、善良的布依族同胞们将这些参天古树赋予神的精神意识，使得这些稀有古树在人们的刀斧下得以生存下来。它们既是布依村寨古老的象征，也是布依村寨立体的寨徽。

6.3.3　教化属性——杨靖宇殉国纪念树

东北抗日联军杰出将领、伟大民族英雄杨靖宇，原名马尚德，1905年出生于河南省确山县，1925年加入共青团，1927年大革命低潮时加入中国共产党，1929年由党中央派到东北工作。"九·一八"事变后，他创建了东北抗日联军第一路军，任总指挥兼政委和中共南满省委书记等职，转战白山黑水、林海雪原，给日伪反动统治以沉重打击，有力地配合了全国抗日。

杨靖宇率领的抗联一路军克服使人难以想象的困难，每天不仅要与几倍、十几倍的强敌周旋，还要经受严寒、饥饿和疾病的袭击。仅1939年一年，抗联第一路军与敌人交战600多次。在日本侵略者调集重兵围剿，形势极其险恶的情况下，为保存有生力量，抗联一路军化整为零，坚持作战。杨靖宇最后只身一人，在数日未食一粒粮，只用枯草、树皮、棉絮充饥，而且在重病缠身、极度虚弱的情况下，坚持抗敌，严词拒绝敌人劝降，宁死不屈，他右腕受伤，就用左手射击。敌人见活捉不成，就从四面八方蜂拥而上将杨靖宇团团围住，终因寡不敌众，于1940年2月23日，在吉林省濛江县（现为靖宇县）西南三道崴子，壮烈殉国。

牺牲前，杨靖宇在此地，以一棵直径约60cm粗的拧筋槭树为掩体，与敌激战。该树为槭树科落叶乔木，后因年久干枯朽烂。1963年春，靖宇县人民将一株红皮云杉移植此地，缅怀先烈，意喻将军英灵永存。革命胜利后，党和人民为永远纪念杨靖宇将军的丰功伟绩，于1946年2月，将濛江县易名为靖宇县。1957年又在通化市修建了杨靖宇烈士陵园。1980年2月，吉林省在杨靖宇将军殉国地（昔日山野，建成园林）举行万人大会，为杨靖宇烈士纪念塔和殉国地的大树立碑揭幕，并定为省级重点文物，万世流芳。

6.3.4 象征属性——北京故宫连理柏

在北京故宫的御花园中，生长着不少连理柏。故宫连理柏又称"人字柏"，是人工栽培和天然造化结合的产物，与辉煌的皇家建筑相互呼应，是令人惊叹的园艺杰作，堪称植物瑰宝。故宫连理柏学名为圆柏，又名桧柏。生长在故宫钦安殿内的连理柏，西南方向的大侧枝形如一只回首张望的小猴，显得活泼可爱。而生长在钦安殿天一门外的连理柏，却似一只蹒跚走路的大熊猫，连理柏由两株树木组成，树龄均在 500 年以上，两个或多个贴近的树枝经过多年雨雪风霜，相互摩擦，树皮被磨掉，枝条长在一起，或者地下的根交叉生长在一起，久而久之，就形成了天然的连理柏。

我国人民自古以来就把树木的连理作为忠贞爱情的象征。唐朝著名诗人白居易在《长恨歌》中，有"在天愿作比翼鸟，在地愿为连理枝"的千古名句；南朝乐府《子夜歌》里有"欢愁侬亦惨，郎笑我便喜。不见连理树，异根同条起"的咏唱。古代皇家宫苑中多栽植松柏，对"人字柏"情有独钟，寓意天人合一，皇家吉祥。

小　结

本章介绍了古树社会属性的概念，即是指古树自然属性之外所蕴含的、对人类社会发展，特别是对维护良好的人类生存环境起到一定启迪借鉴作用的特性。引用古今案例详细介绍了古树社会属性的表现，并通过河南汝阳柘桑树、贵州册亨大黄葛树、杨靖宇殉国纪念树、北京故宫连理柏等古树深入剖析了古树的文化属性、寄托属性、教化属性、象征属性等社会属性。

复习思考题

1. 古树社会属性的概念及内涵是什么？
2. 古树的社会属性表现包括哪几个方面？请举例说明。
3. 如何从古树的社会属性理解古树的社会价值？

第7章

古树的地理环境属性

本章提要

本章首先阐述"天人合一""天人感应""道法自然"的中国传统哲学观对古树文化的深远影响，接着以皇家园林、民居村落、陵寝墓葬3种地理环境为例，进一步解释在不同地理环境中受传统环境哲学观影响呈现出的古树文化特征。皇家园林部分讲述了园林植物景观基调的要求、"因地制宜"的造园思想和"礼制政事"的政治文化思想对园林中古树文化形成的影响；民居村落部分介绍了村落择址营建过程中受传统堪舆思想影响形成的林木类别及其地理环境作用；陵寝墓葬部分对古树在祭天、祭祖、墓葬3种祭祀文化中所起的作用进行了介绍。

中国疆域辽阔，不同区域形成了各具特色的地理环境风貌，山川蜿蜒，大河奔流，海岸曲折，湖泊罗布，植物繁茂，林相丰富，自然环境绮丽多姿。地理环境对我国传统环境哲学观的形成有着重要影响，从而影响到人居地理环境的堪舆，大到都城规划、皇家园林布局，小到民居村落选址、陵寝坛庙设计等，无一不蕴含着传统环境哲学观的理念。

植物繁茂与否是判断某地环境好坏的重要标准。《青乌序》中便有"草木郁茂，吉气相随，内外表里，或然或内。……或本来空缺通风，今有草木郁茂，遮其不足，不觉空缺，故生气自然，草木充塞，又自人为"的表述。这种主张植树补基的说法，折射出了古人营建生态环境的理想——"林木苍郁"反映出好的环境，这种潜移默化的思想也就形成了利用植物配置来改变生态环境的理论。中国传统环境哲学观中关于植物的论述对于了解古树的环境地理文化属性有着重要的参考价值。

7.1 中国传统的环境哲学观

中国有着非常悠久的农耕文化历史，人们离不开土地和自然，丰富的自然环境又孕育了整个国家浓郁的自然人文情怀，因此人们热爱自然、崇尚自然，与自然成为一体。

中国传统的哲学思想中"天人合一"的观念，是古代传统自然观的实质和内涵。无论是道家的"道法自然，返璞归真""天地与我并生，万物与我为一"的思想，抑或佛家倡导的"缘起论"中"郁郁黄花无非般若，青青翠竹皆是法身"，无不反映出人、自然与社会之间建立和谐关系的理想。这种人与自然地理环境之间的协调关系是传统环境哲学观的核心。

中国传统哲学思想下的环境哲学观对古树文化产生了很大影响，古树文化的形成发展也深深植根于中国传统哲学文化的土壤之中。

7.1.1 "天人合一"自然哲学

"天人合一"思想是中国古代哲学观念，代表着中国哲学的基本精神，它深刻地影响了中国传统文化的方方面面。"天人合一"自然观，把人视为自然的有机组成部分，人和自然相互影响、共同发展，这使得中国古代对自然采取了既改造利用又尊重保护的做法。人居环境的营造尊重自然，通过创造"人化自然"，把自然环境、生产区域和生活场所融合为有机的整体。环境营造过程中，强调"源于自然、高于自然"的原则，把"天巧"和"人工"巧妙地结合起来，达到自然美和艺术美的高度统一。

人居环境中树木花卉的布设栽植遵从"天人合一"自然观，具体体现在两个方面：①因凭自然条件成景，在强调保护自然的同时，充分利用用地的现存条件营造景观。例如，传统园林中往往利用用地的天然植被、古树名木而成景得景。《园冶·相地》描述了不同用地的自然植物景观特点，表达了种植设计要因地制宜形成特色的观点，如"多年树木，碍筑檐垣，让一步可以立根，研数桠不妨封顶。斯谓雕栋飞楹构易，荫槐挺玉成难，相地合宜，构园得体。"②布设栽植影响了植物景观文化的形成，用一种更具人文色彩和浪漫色彩的方式看待植物。在文人士大夫文化中，植物往往被拟人化，从而产生了"不可一日无此君""梅妻鹤子""岁寒三友""花中君子"等称谓。受此自然观的影响也形成了民间的栽植习俗，在庭园中种植石榴以求多子，培育牡丹期许富贵等。天人合一的自然观不仅产生了植物的人文含义，也形成了花木栽植的喜好和禁忌观念。

7.1.2 "天人感应"社会伦理

天人感应的理论基础是"天人合一"，古代认为"天道"和"人道"，"自然"和"人为"是合一的。西汉大儒董仲舒结合儒家和阴阳五行思想，将"天人感应"论发展到了高峰，在其所著《春秋繁露·深察名号》中称"事各顺于名，名各顺于天，天人之际，合而为一"，将天、地、人视为一个有机整体，认为人与自然万物同类相通，相互感应。同时，书中《同类相动》一章称："天有阴阳，人亦有阴阳，天地之阴气起而人之阴气应之而起，人之阴气起而天地之阴气亦宜应之而起，其道一也。"从自然的角度对天人感应进行了阐述。这种理论对人居环境中花木种类的选用、栽植有着直接的影响。如阳生花木为"阳"，阴生花木为"阴"，那么阴生树要置于北面，阳生树要置于南面，阴生树要置于阳生树下等。

7.1.3 "道法自然"行为准则

老子在《道德经》中提出"人法地，地法天，天法道，道法自然"，揭示了"自然"是

"道"追求的最高目标和最高理想境界，宇宙天地间万事万物均效法或遵循"自然而然"的规律。"道法自然"的自然观包含着丰富而深刻的生态思想，深刻地揭示了自然万物发展演化的根源和趋势，以开拓的视角来思考人与自然同生共荣的关系。这一观念奉自然为最高典范与楷模，"自然"才是人们应该取法的对象，反对人工修饰的美，主张无为的自然之美，认为自然而然不矫揉造作的美才是"大美"。

"道法自然"观包含两层含义：一是去饰，二是贵真。所谓去饰，就是去除人为刻意的因素，追求无为的自然美；而贵真则要求返归纯朴，顺应自然。道家在美学上认为"大直若曲，大巧若拙"，即顺应自然，没有雕饰，貌似"拙"的东西才蕴含着真正的巧和美。受此思想影响，景观营造上往往崇尚素朴，反对雕饰。如承德避暑山庄以清幽朴野之美取胜，反映了"道法自然"的意趣，植物景观"物尽天然之趣，不烦人事之工"，不片面追求"量大则美"，也不刻意安排色彩、质感对比等形象刺激，而重在创造一种质朴的整体环境，在这种整体环境烘托下突出身心的综合感受。

中国传统哲学思想直接塑造了人们的自然观和生态观，以儒道释为例，它们有其各自的环境理论，在其环境理论指导下的实践活动直接影响不同地理环境下植物的种植方式，小至村落民居、陵寝寺庙，大至皇家园林、都城规划，不同的地理环境呈现不同的植被风貌。同时受其生态观的影响，或用于社稷，或因信仰和崇拜使这些独特的树木保有数百年以上的树龄，从而形成了不同地理环境的古树文化。

7.2　古树与皇家园林文化

皇家园林是中国古典园林体系下出现最早的园林类型，为皇帝个人与皇室所有。秦有阿房宫、汉有上林苑、唐有绣岭、宋有艮岳，元、明、清时期更是孕育发展了以北京为核心的庞大皇家园林集群。而植物对于皇家园林的建造来说，是一个必不可少的要素。由于受到中国传统自然哲学观的发展、选址的自然地理环境等因素的影响，不同类型皇家园林中留存生长的古树在植物种类选择和造景方式上呈现出自己的特征。

7.2.1　皇家园林的植物景观基调与古树种类

"皇家气派"是皇家园林塑造景观空间的重要特点，因此植物景观基调为了形成富贵庄严的园林特色，常利用古拙庄重的苍松翠柏与色彩浓重的建筑物相映衬。颐和园万寿山前山广植柏树，使得山体形成浓重的墨绿色基调，排云殿建筑群内也以柏树为主，种植形式为规整行植和对植。柏与中轴线上的红墙、黄瓦、金碧装饰形成强烈的色彩对比，更能衬托出前山建筑恢宏的"皇家气派"。因此，松柏类树木多作为皇家园林的基调树种，是对于"皇家气派"氛围烘托的重要树种。乾隆曾评价避暑山庄："山塞树万种，就里老松佳。"松柏在避暑山庄覆盖面积广，以松为景的风景点也屡见不鲜，如松鹤斋等。

据统计，北京现存皇家园林中的古树均以松、柏为主，占全部古树的80%～90%，紫禁城内的几座御园也是古柏的数量最多（表7-1）。除此之外，承德避暑山庄和外八庙内现有古树约1000株（不含普宁寺），其中古松占古树总量的90%以上。由此可见，松柏类树木与古代皇家园林之间有着重要的联系。

表 7-1 北京部分现存皇家园林中古柏数及占有古树数量的比例

园 名	树 种			
	圆柏(株)	侧柏(株)	所有古树(株)	占比(%)
北海公园	212	284	583	85
景山公园	753	219	1025	95
颐和园	350	1034	1607	86
香山公园(静宜园)	222	4758	5860	85

(数据来源：2017 年北京市园林绿化科学研究院北京中心古树普查数据)

7.2.2 因地制宜的造园思想与古树

"因地制宜"的地理环境观是"天人合一"哲学观在皇家园林景观营造的重要表现，其反映了古代人尊重自然、顺应自然的自然环境生态观，也是造园的根本。在植物景观的营造上主要体现在两方面：植物树种的选择、种植地理环境的选择。

7.2.2.1 树种选择

在植物树种选择上，皇家园林遵循"适地适树"的原则。具体表现在 3 个方面：①保留原有植物，因凭用地的天然植被得景成景；②大量使用乡土树种，适应所在地理环境的自然条件；③选择不同特点的植物树种，以搭配不同的园林氛围。

(1)保留原有树木——静宜园

静宜园建于香山，其特色是拥有丰茂的自然植被基底。因此，在创建静宜园时，巧借香山原有的植被资源，保留了完整的自然山林景观，使其成为独具山林特色的天然山水类皇家园林代表。例如，红叶在香山分布较丰富，清代创建静宜园后，保留了原有的红叶林，并不断培植新树，形成了著名的"香山红叶"景观。因香山保留原有树种之多，各朝更替对香山植物景观影响较小，同时有着良好的自然生态环境。至今香山的诸多古树生长状态良好，古树参天(见彩图 24)。

(2)大量使用乡土树种——颐和园万寿山

皇家园林善于利用乡土树种塑造园林植物景观，因地制宜形成地方特色景观，同时也符合生态学特征。明清皇家园林多注重松、柏、榆、槐等乡土植物的应用，如颐和园作为"三山五园"之一，其山形水脉与这一地区是连贯相通的。这也就决定了它不可能脱离北京西郊地区的山水环境而独立存在，因此在造园时充分考虑在植物造景上与当地的植被环境相统一，大量选择华北地区本土物种，并配置成针阔叶混交的人工群落，力求与当地西北郊自然山区的植物群落一致，着意于追求自然又不局限于自然，源于自然又高于自然的境界。

颐和园现有古树约 1600 株，在众多古树中，大多为北京的乡土树种，如油松、白皮松、圆柏、侧柏、楸树、白玉兰、桑、槐 8 种(表 7-2)。

表 7-2 颐和园古树资源统计表

树种	侧柏	圆柏	油松	白皮松	槐	楸树	桑	玉兰
数量	1034	350	184	16	13	6	1	1

(数据来源：2017 年北京市园林绿化科学研究院北京中心古树普查数据)

（3）选择不同的植物营造景观特色——承德避暑山庄

避暑山庄是中国现存最大的皇家园林，总体布局按"前宫后苑"的规制，宫廷区设在前面（南面），其后为广大的苑林区。苑林区主要由湖泊景区、平原景区、山岳景区3个部分组成，分别把江南水乡、塞外草原、北国山岳的自然风光和风景名胜汇集于一园之内。为了塑造不同园区景观的不同氛围，所选用的植物树种和其蕴含的内涵也不同。

宫廷区为塑造等级森严与庄严肃穆的皇家气派，多采用油松对植和列植方式为主。湖泊区为烘托出江南水乡的氛围，多用绦柳、旱柳等树种；除此之外有多处以荷花为主题的景观，如曲水荷香、香远益清、冷香亭等，形成清雅宜人的景观。为显示平原区之开阔，乾隆三十六景中便有万树园，以疏林草地景观为主，采用杨、柳、榆、槐、椿、栾、白蜡和银杏等落叶乔木及常绿松柏，展现丰富的季相变化；利用如茵的草坪，凸显塞外平原的风光。山岳区为渲染北国山岳的自然山林风光，在保留油松、栎类针阔叶混交林的基础上，间有榆、槐、杨、柳、枫、梨、椴、桦、臭椿等杂木林。借助自然地势划分景区，每区突出一两个树种，形成各具特色的景观，如梨树峪、榛子峪等。

承德避暑山庄现存古树约1000株，其中主要为松柏类树种，除此之外还有槐、榆、柳、桑、辽东栎、丝绵木和五角枫（表7-3）。因不同景区所营造的氛围和景观不同，古树所集中的区域也不同。

表7-3　承德避暑山庄古树资源统计表

地点	树种								
	松柏类	槐	榆	柳	杨	桑	辽东栎	丝绵木	五角枫
宫殿区	91	45	4	0	0	2	0	2	1
湖泊区	50	4	1	1	0	0	1	0	0
平原区	3	0	4	0	1	0	0	0	0
山 区	474	0	0	0	0	0	0	0	0
外八庙	192	0	0	0	0	0	0	0	0
合计	810	49	9	1	2	2	1	2	1

（数据来源：承德市园林局2012年普查资料）

7.2.2.2　应对地理环境差异的树市栽植

在植物树种种植地理环境选择上，同样遵循着因地制宜的地理环境观，不同习性的植物种植在与其相适应的地理环境里。《花镜》中曾写道："草木之宜寒宜暖，宜高宜下者，天地虽能生之，不能使之各得其所，赖种植时位置之有方耳。"说明地理环境对于植物生长的重要意义。

颐和园万寿山前山土质瘠薄、光照条件好而栽植侧柏为主，后山土壤厚且少光照而栽植油松为主，形成了如今的"前柏后松"的植物景观格局，这种具有生态性差异的植物配置在历经200多年的生长演替后形成了如今草木郁茂的良好生态景观（见彩图25）。

避暑山庄整体上以广植油松为特色，因其为乡土树种，喜光、耐寒、耐旱、耐瘠薄土壤，喜欢生长在排水良好的山坡上，这些正是山庄的生态条件。但是就山庄的内部而言，自然条件又有些差异。自北而南，起伏渐减，土壤也由深厚、肥沃渐转为干旱、瘠薄。从自然条件最好的松云峡，到自然条件逐渐变差的梨树峪、松林峪，到最南的榛子峪，以种植榛子为特色，榛子可谓最耐干旱、瘠薄的野生树种。

7.2.3 "礼制政事"的统治思想与古树

从汉武帝独尊儒术开始，中国历代王朝均以儒家思想作为统治的基础。"礼制政事"的思想在皇家园林的植物景观营造中有着直接的体现。不仅在皇宫宫城内部，还有离宫御苑和行宫御苑的宫殿区中，树木栽植体现了等级制度的要求。周代以宫廷中的"三槐九棘"规定外朝王公大臣入班列位，暗喻了"君臣辅弼"的含义。北宋韩纯全的《山水纯全集》更是指出"松者公侯也，为众木之长""柏者若侯伯也"。

7.2.3.1 颐和园宫殿区的古树

颐和园万寿山宫殿区建筑群中，古树配置以松柏作为首选，并成行逐列栽种，强化君臣等级意象。颐和园东宫门勤政殿以及排云殿院落的设计，方整规矩，建筑主次明晰，而植物配置也中规中矩，排列有序（图 7-1、图 7-2）。树种选用松、柏、槐、楸，借典经史，比德朝纲。在植物配置方法上，油松殿前矗立犹如帝王在朝，侧柏东西分列恰似文武两相，楸当庭栽，槐对偶植，充分体现皇家园林崇尚"礼制政事"的文化哲学观。

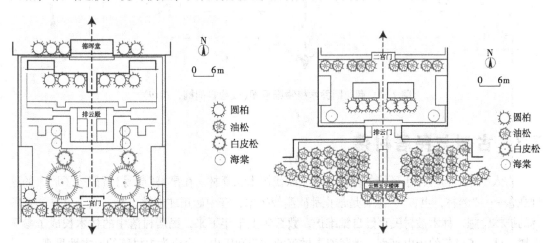

图 7-1　排云殿二宫门以北建筑群及植物配置　**图 7-2　排云殿二宫门以南建筑群及植物配置**
（改绘自谷媛等，2008；北京园林学会，2009）

7.2.3.2 御花园的古树

御花园是故宫中古树最为集中的地方，园内共有树木 142 株，古树约占 86%，一级古树 50 株，二级古树约 70 株，树龄最大的超过 500 年。

御花园内为渲染"皇家气派"，突出以建筑格局为主的地理环境，树木常用对植或列植等规则式种植手法。例如，钦安殿正对天一门的两株圆柏对植在故宫中轴线的两侧，枝干搭接在一起，称为"连理柏"。钦安殿前对植两株名贵的白皮松，区别于全园数量最多的柏，以突出钦安殿的主体地位。院外东西两侧列植柏树，使钦安殿在古柏翠竹的掩映中更具神秘气氛，充分体现皇家园林崇尚"礼制政事"的政治文化要求（图 7-3）。

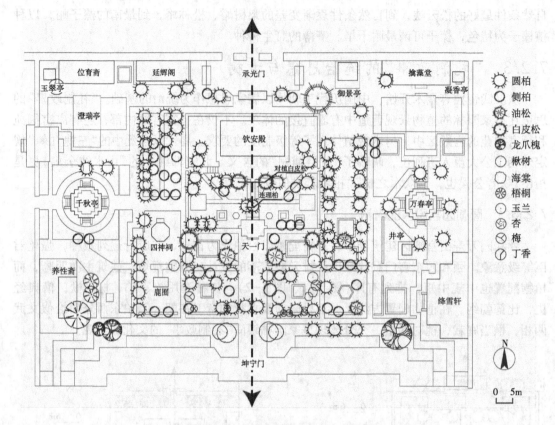

图7-3　御花园乔木植物配置图（改绘自胡楠，2019）

7.3　古树与民居村落

古人出于对自然山水环境的保护，禁止砍伐树木和森林。在帛书《周易》就记述了周人的这种观念——"禁林，贞吉"，意思是禁止乱砍滥伐树木，守中居正才能够吉利。由于这种禁止毁林的护林思想，林木被村民百姓自觉维护，数百年上千年下来，民居村落中的林木长成了参天大树，见证了村落的历史兴衰，承载着古村落的文明和历史，也成为古村落的标志性景观。

7.3.1　传统村落与古树

在民间，"土厚水深，郁草茂林"（《葬书·内篇》）的地理环境看作是理想的环境。因而，大部分古村落坐落于背山面水的清秀环境之中，村落四周茂密的林木常被古代先民认作环境优胜的外在表现，或是利用树木对村落周边环境进行补充。在村落宅基周围人工栽培或天然生长的林木常分为4类：①水口林，主要种植在村落的水口处（图7-4），具有护托村落生气的意义。水口是村落的总出入口，在水口处种植大片林木，抵挡寒风的入侵。②龙座林，主要是指坐落在山脚、山腰或村落后山的林木（图7-5），具有"藏风""聚气"的作用，同时还能减少水土流失以及风力侵蚀对村落和住宅的危害。③垫脚林，主要是种植在村落前面河边、湖畔的林木（图7-4），呈带状或片状，起到防风、水土保持、涵养水源等作用。垫脚林一般与水口林相邻，与其共同围合村落水口空间，保证村口空间的完整

图 7-4　水口林、垫脚林示意图(广州　　**图 7-5　龙座林示意图**　　　　　**图 7-6　宅基林示意图**
市海珠区小洲村水口林和下垫林)　　(广州黄浦区莲塘村龙座林)　　(广州市番禺区大稳村庭院林)
(改绘自钱万惠等，2019；程俊，2009)

性；在村落布局上与龙座林形成呼应，使村落前后均有屏障。④宅基林，古代人们在宅基周围和庭院里种植的林木(图 7-6)，主要为了护卫住宅和庭院环境。

(1)徽州古村落的水口林

徽州地形复杂多样，具有枕山环水的环境基础，为了营造更理想的择居模式，当地人选择最具自然条件的水口，广植林木以抵挡强风，同时还起到涵养水源、净化空气的作用，为村落的生生不息、繁荣昌盛提供一定的保障。水口林的造景多选用苦槠、枫香、樟树、银杏等徽州乡土树种，多成片、成林栽植，保持自然野趣，并与村落远处的山林景观形成呼应，呈现了人造自然环境与天然自然环境融合的整体森林景观。出于当地居民对水口林的保护意识，经过多年变迁，其中的大树古树保存良好，至今仍发挥着保护村落的作用。其中一些古树还成了村民休闲娱乐的公共场所，如安徽黟县南屏就以巍然耸立的参天古树形成的"万松林"(图 7-7)而闻名，万松林中绿荫蔽日，青草铺地，设有石凳、石桌，给人们提供了茶余饭后漫步、小聚的公共场所。

(2)广州莲塘村的龙座林

莲塘村是位于广州市萝岗区东北的一个自然村，其整体格局与枕山环水的传统格局相

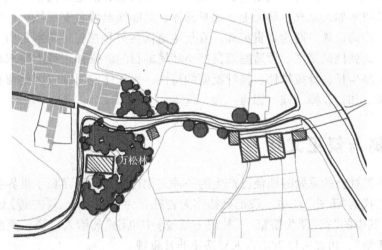

图 7-7　黟县南屏古村水口园林平面示意图(改绘自张燕，2013)

似，龙座林就坐落于村落西北面低地，环抱着整个村落（图7-8）。为了减少台风、暴雨等恶劣天气的危害，当地人在龙座林里种植高大浓密的樟树、榕树等乡土树种来抵御狂风，减少村落后山的水土流失，以此保护村落和住宅。这些林木生长茂盛，形成了古木参天、林冠浓密的景观。从村外远看，这片屹立于村后的林木整体呈现一片郁郁葱葱的群落外貌，与村落古建筑结合在一起，展现了岭南古代乡村的原貌。

图7-8　广州莲塘村龙座林平面示意图（改绘自程俊，2009）

7.3.2　民居住宅与古树

中国传统的环境观对传统民居住宅的选址、布局以及空间营造有着深刻的影响，其中树种的选择与布局在其中起着举足轻重的作用。古谚语"草木郁茂，吉气相随""木盛则生""益木盛则风生也"都描述了植物对环境的重要性。《宅谱迩言》中有着更为详尽的阐述："乡居宅基以树木为衣毛，盖广陌局散，非林障不足以护生机；溪谷风重，非林障不足以御寒气。故乡野居址树木兴则宅必发旺，树木败则宅必消乏。大栾林大兴，小栾林小兴，苟不栽植树木如人无衣，鸟无毛，裸身露体，其能保温煖者安三欤……惟其草茂木繁则生气旺盛。护荫地脉，斯为富贵垣局。"在居宅庭院内外种植各种树木是出于对住宅环境格局的补益，达到挡风聚气、营造庭院良好小环境的目的。树种选择上要求树木具有寿命长、质地好、易生长、挺拔雄伟、枝叶茂盛的特性，民居住宅周围也因此留存下了许多极具价值的古树，如榕、樟、桂、银杏、榆、槐等。

7.4　古树与祭祀文化

祭祀是人类社会的原始时期便已产生的一种文化行为，广泛存在于世界各民族的历史上。在中国古代的"五礼"之中，祭祀典礼作为吉礼，为五礼之冠。《左传》说"国之大事，在祀与戎"，其中的"祀"便为祭祀。《礼记·祭统》中也说"凡治人之道，莫急于礼。礼有五经，莫重于祭"，由此可以看出古人对祭祀非常重视。

无论是帝王将相还是平民百姓，祭祀的目的不外乎"攘祸""祈福""报恩"这三点，官方的祭祀活动则会夹带一些政治目的。最开始的人类祭祀活动是在简陋的平地、坑中进行，而随着祭祀文化的成熟，祭祀活动则主要集中于坛庙之中。

7.4.1　植物与祭祀环境

7.4.1.1　坛庙植树的传统

在人类社会的早期阶段，植物就已作为祭祀环境的一部分存在。《墨子·明鬼下》中说历代帝王建造坛庙"必择木之修茂者，立以为菆（zōu）位"，意为帝王一定要选择在树木高大茂盛的地方设立神社。在祭祀区域"社"中种植"社树"的礼制先秦时期就有，周以后，在坛庙之内种植树木已成定制。祭坛内植树寄寓"尊而识之""见即敬之"之意，自古受到历代帝王的重视。"社"木的种类，据古书记载，有槐、栎、松、柏等。

松柏因其四季常青，"遇霜雪而不凋，历千年而不殒"，素为正气、高尚、长寿的象征，被尊为"百木之长"。在坛庙中栽植松柏，不仅能营造庄严肃穆的气氛，亦是皇家高贵身份地位的体现。其他社树如槐，"槐木者，虚星之精"，被先民们视为神的象征（图 7-9）。

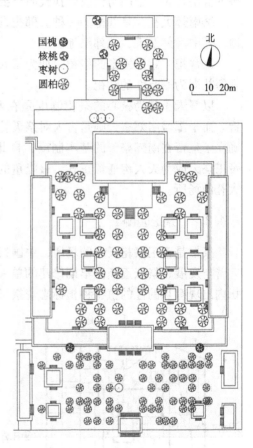

7.4.1.2　植树与祭祀环境的营造

祭祀环境的营造离不开树木的栽植。从早期原始的祭祀活动到封建社会后期仪礼完备的祭祀大典，祭祀环境经历了由简陋的林中空地到建设完备的祭祀环境的发展过程。不同的祭祀活动对祭祀环境有不同的要求，相应的植物配置手法也会发生变化。坛庙中植树，或以成片的树林烘托祭祀氛围，营造特定的场所精神，寓意于景，加深对特定场所的感知和体悟；或以特定树种的形态、气质或生物学特性作为某些精神意志的象征，使人产生共鸣。盛大的祭祀典礼环境中往往需要栽植大量的林木用以塑造环境，如天坛主体建筑外密植的松柏林营造了一种庄严肃穆的环境氛围。

祭祀场所中的古树是重要的植物景观资源。正如"寺因木而古，木因寺而神"，古树因其树龄

图 7-9　北京孔庙植物现状图

长，在干皮和树形等方面与普通树木有较大区别，有着强烈的历史厚重感，利于表达祭祀的场景氛围。如泰山岱庙中汉武帝刘彻封禅时手植的汉柏、天坛公园中的"九龙柏"以及曲阜孔庙中的"先师手植桧"等，这些古树早已成为活的历史文化遗产为人所熟知。

7.4.2　祭天文化

根据祭祀对象的不同，祭祀活动分有许多种类，《周礼》将夏商周以来的祭祀对象系统

化为天神、地祇与人鬼3类。所谓天子祭天，诸侯祭地，普通人只能祭拜先祖和人神。在所有祭礼中，祭天当属最为烦琐隆重的仪式，只有天子才有资格主持。祭祀天神，一方面表达了人们对皇天上帝的崇德报本之情，并祈求保佑；另一方面也是对天子"君权神授"之地位的强化。

7.4.2.1 封建社会的祭天

封建社会的祭天活动主要有封禅大典、南郊大礼以及季节性的常祀。

①封禅大典 是泰山独有的古老仪式。所谓封禅，即在"泰山上筑土为坛祭天，报天之功，故曰封""泰山下小山上除地，报地之功，故曰禅"。在古人心目中，泰山是万物交替的群岳之长，中国历代改朝换代时，要保天下太平，帝王就一定要到泰山封禅。

②南郊大礼 是郊祀的一种。郊祀是中国古代最为重要的礼仪，指的是于郊外祭祀天地，其中南郊祭天，北郊祭地。

③常祀 意为固定的祭祀，如为了农业能有好收成而在每年孟夏举行的祈雨之礼——常雩礼即为季节性的常祀。

以祭天于郊为核心的祭祀制度是在西周后逐渐形成的，历代帝王也都遵循了这一宗旨。而于都城南郊祭天则是古人对祭天礼制进行深层探究的结果。汉成帝最早依周代礼仪确立了皇帝在南郊祭天的基本制度，自此以后，帝王在都城南郊举行南郊大礼便成定制，帝王祭天成为天人沟通最正式、最隆重的方式。在明清时期，北京天坛便为皇帝举行南郊大礼的场所。

7.4.2.2 祭坛园林

祭坛是帝王祭祀天地的场所，中国祭坛的历史最早可以追溯到黄帝时期。历经数代的完善与发展，祭坛逐渐由早期修建的单一坛台演变为建筑与植物交相辉映的祭坛园林，祭坛内出现有目的性的植物种植标志着祭坛园林的形成。传统的祭坛园林主要由祭坛建筑与坛外树木两部分构成。为突出主体建筑，祭坛建筑往往坐落于大片苍翠浓郁的柏林中。松柏林在传统祭祀空间中是一个重要的祭祀背景，不仅为祭坛增添了生命气息，更加强了神圣的韵味。

古树是祭坛园林中植物景观的重要组成部分。成片的古柏排成方正的队列，齐整俨然，就像皇帝出行时的卤簿（古代皇帝出行时的仪从和警卫）仪仗。许多古树根据其形态得以形象命名，如天坛的"九龙柏"、地坛的"将军柏"等。

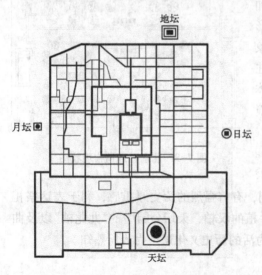

图7-10 北京天、地、日、月坛分布图
（改绘自王瑶，2011）

(1) 天坛

中国封建社会后期国家的祭祀重心在北京，因此北京的祭坛具有集大成之特色。天、地、日、月坛就为其中的代表（图7-10）。天坛是诸坛之首，是世界上现存最大的古代祭祀性建筑群，为明、清两朝皇帝举行祭天大典的场所。

历史上天坛的树木栽植意在拟造"苍璧礼天"的形势，在建坛之初便广植松柏，形成现今"内仪外海"的古树格局，内坛的树木栽植纵横有序，外坛的树木栽植散点无序。天坛现有古树主要为柏、槐、榆，其中以古柏最多，偶见古槐、古榆。古树集中分布于内坛南北轴线上的祈谷坛、圜丘坛建筑群周围及外坛三北(西北、正北、东北)靠近内坛墙的区域。

内坛以柏和槐为主，柏树集中围绕于中轴线建筑群的周围，纵横有序。祈谷坛以侧柏为主，圜丘坛以圆柏为主，槐作为行道树植于中轴线西侧。外坛以柏、榆和槐为主，槐主要用作行道树，祈谷坛门至西天门道路两侧各两排，其余非主要道路两侧各一排；外坛北区、东区以侧柏为主，南区以圆柏为主。

(2) 地坛

对地祇神的祭祀仅次于祭天仪典的祭祀。地坛原名方泽坛，为明清两代皇帝祀地祇神的地方，也是中国历史上连续祭地时间最长的一座祭坛。地坛由内、外两坛组成，整体建筑遵照天圆地方、天南地北、龙凤、乾坤等象征传说而构思设计，主要建筑有方泽坛、皇祈坛等。

地坛古树中杂树很少，尤以柏树为多，侧柏、圆柏混生，间或有几株古藤缠绕其间，形成独特的古树群落。地坛中心区的方泽坛是古树集中的地段，树种为侧柏、圆柏、槐、枣、榆、楸、银杏。大部分古树的树龄已经超过 300 年，古树群落已成为公园的独特景观。

7.4.3　祭祖文化

中国人常说"敬天法祖"，天即天神，可引申为自然界之神；祖就是宗庙的祖先神。祭祖与祭天同样重要，祭天着重于其政治功能，而祭祖则体现其伦理功能，它凝聚并维系着家族、宗族乃至整个民族，两者同被列入国家祀典之中。

7.4.3.1　祭孔文化——孔庙与古树名市

孔庙，祭祀孔子及先贤先儒的祠庙，不仅是历代封建王朝尊孔崇儒的礼制性建筑，也是儒学传播的重要载体。孔子初时只为一族之祖，汉以后迈入国家祀典之列。随着孔庙在全国各地的建立以及祭孔活动的大规模展开，孔子偶像地位大升，由一族之祖升格为全民文化之祖，从而出现了"千年礼乐归东鲁，万古衣冠拜素王"的祭孔盛况。

历史上中国孔庙有 1560 多所，根据其发展过程和性质可分为 3 种类型：家庙、国庙和学庙。现存于世的孔庙中，曲阜孔庙立庙最早、历史最久、建置最为完备，与相邻的孔府、城北的孔林合称"三孔"。曲阜孔庙占地近 $10hm^2$，共有树木 1800 余株，分 10 科 10 种，其中百年以上的古树木有 1000 余株，主要为侧柏、圆柏、桑、槐、银杏、楸、板栗。

①祭祀氛围的营造　曲阜孔庙作为具有国庙性质的礼制建筑，与其他类型的园林空间相比其植物配置较为简约，树种选择以柏树为主，种植形式大部分为规则式种植，营造了祭祀空间庄严肃静的氛围。同文门前成行成排地栽植柏树树阵；中轴线上的甬道及横向甬道上也列植着柏树，主体建筑入口前采用对植的种植形式。

②文化氛围的营造　孔庙在体现庄严祭祀氛围的同时，也注重文化意蕴的打造。在儒家思想中"比德观"是重要的审美观，因此孔庙中的花木都赋予了人的精神品格，有着丰富

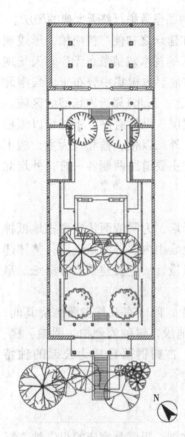

图 7-11　唐叔虞祠建筑植物布局
（改绘自郭晓红等，2019）

的文化内涵。庙中主要栽植的花木有桂、杏、银杏、槐等。杏坛四周种满的杏花，与孔子讲学有关，杏花因此成为具有文运的吉祥物，又称及第花；银杏有时看作是儒家的象征，诗礼堂前生长着宋代的雌雄银杏各一株；槐象征韬略、富贵、长寿，诗礼堂前中路西侧生长着一株唐槐。

孔庙中的树木以规则式栽植方式营造肃穆的祭祀气氛体现礼制思想的同时，也利用多样的花木表现丰富的文化内涵，使植物与环境有机地结合起来，从而成为表达哲理、启迪智慧的载体。

7.4.3.2　祖先崇拜——晋祠与古树

晋祠是我国现存最早的祠庙园林建筑群，其历史可追溯到西周时期，经过 1000 多年的建设，逐渐形成祠、庙、寺、观同存，儒道释汇集一体的综合性祭祀祠堂。晋祠核心景区内有古树约 350 株，其中树龄在 1000 年以上的古树 30 株，树龄 300 年以上的一级古树 70 株，其余为树龄 300 年以下的二级古树，主要树种有槐、柏、松、银杏、榆等，分属 12 科 13 属 13 种（2016 年）。

晋祠祖先崇拜的祭祀对象主要有周朝的诸侯国晋国的始祖唐叔虞（图 7-11）、圣母邑姜、水母娘娘和王琼，晋祠的发展历史与晋祠园林的演变因其祭祀主体的改变而发展变化。

①祠庙寺观的祭祀氛围　为表达对祖先的崇拜与敬仰，晋祠植物景观的营造力求体现源远流长的历史感，树种选择上以高大的乔木——侧柏、圆柏、油松、白皮松为主，成为晋祠的基调树种，如圣母殿前鱼沼飞梁两侧对植的古柏，以其年代久远、历经沧桑凸显晋祠的高大庄严。除了祠庙建筑以外，晋祠园林作为重要的组成部分，对庙、寺、观的区域祭祀氛围也都有着相应的侧重。晋祠庙侍奉的是先辈传奇人物，景观环境主要表达追思崇拜之情，如水母楼依靠高处的地形以及北面列植树形高大的槐、构树、侧柏等古树，表现其至高无上的权威，体现了古人对先人的敬仰。晋祠中的寺与观则分别代表释、道的宗教文化，前者应用天然的地形和山林营造出一种归于自然又高于自然的田园幽静景观；后者则力求营造一种仙境。

②象征品德的文化氛围　追思尊崇先人是祭祖的一个重要目的，因此晋祠中的植物配置选用一些具有象征意味的花木来丰富其文化内涵，不仅体现对先祖品德的追崇之意，还表达对先祖的怀念之情。如唐叔虞祠内对植丁香、皂角，外围群植圆柏、玉兰、西府海棠、枣树等。玉兰象征着对高尚品德与崇高理想的追随与爱护；海棠寓意相思，表达对祖先的深深思念；枣树的种植则表达了对后代生生不息的期许。

晋祠园林的植物配置注重与周围环境、建筑、文化的结合，重视意境的形成，最终形成晋祠庄严肃穆的整体气氛，强烈地表现出晋祠源远流长的历史感。

7.5　古树与陵寝墓葬文化

7.5.1　墓葬文化

墓葬是人类社会发展到一定阶段的产物，是人类有意识地去安葬亲人的结果。在古代中国，受"厚葬以明孝""事死如事生"的礼制思想的影响，墓葬之事作为"五礼"中的凶礼受到生者的高度重视，并且随着社会的进步和时代的发展，形成了一套独特的墓葬制度。

土葬是中国古代的主要丧葬方式。死者放入棺木中后埋入土穴，埋棺之处即为"墓"，墓地上堆土形成丘，称为"坟"。从意义差别上看，"墓"主要承担实用功能，而"坟"更多承担的是精神功能，坟的出现使墓葬行为具有纪念意义，是生者和死者对话交流的开始。中原地区开始出现坟丘式的墓葬是在春秋晚期，并逐渐由原本的宗族集体墓葬发展为以家族为单位的分散墓葬。随着封建君主集权的建立与等级制度的推行，坟丘式的墓葬逐渐流行。

7.5.2　墓葬文化中的等级制度

7.5.2.1　陵寝制度的等级限制

古代君主用来供奉祖先的宗庙是仿照君王居住的宫殿"前朝后寝"式布局建造的，"寝"设于其后部，是用于摆放家具和生活用品、供祖先灵魂生活起居的场所。有些君王将"寝"和陵墓修建在一起，便是所谓的"陵寝"制度。春秋以前的史料将墓葬称为"墓"。战国时期由于坟丘式墓葬的普遍推广，"丘墓""坟墓""冢墓"便成为墓葬的通称。也是从战国开始，君王的坟墓称作"陵"。最早是公元前 335 年的"起寿陵"，其次是秦惠王的坟墓称为"公陵"。自秦惠王规定"民不能称陵"后，"陵"就成为帝王墓葬的专用词，而陵寝制度的最终确立则是在东汉。

7.5.2.2　墓地植树的等级限制

在"墓而不坟"的时期，等级差别主要反映在地下墓室、棺椁以及陪葬品上，之后由于墓都有坟丘，墓的外形上便也有了等级的差别，主要表现为坟丘的形状、墓高等方面，并且在墓地上植树也有相应的限制。

秦始皇在修建陵墓时，坟丘上遍植柏树。据《七国考》记载："墓植柏，自秦始也"，说的是墓上栽植柏的传统是从秦始皇开始的。自西汉开始，以树的品种代表尊卑等级的方式得到落实。《周礼注疏》载："尊者丘高而树多，卑者封下而树少"。

7.5.3　树木与墓葬环境的营造

树木是陵寝的重要组成部分，历朝历代对陵寝中的树木种植都非常重视，栽植树木不仅可以净化空气、遮挡风沙，还可以庄严气氛、美化环境。

7.5.3.1　皇陵中的古树

皇陵中使用的树种有松树、圆柏、杨树、枫树、柳树等。其中松以皮似龙鳞、干如游龙被誉为"树中之王";柏以其长寿、木质硬被视为树中上品。松柏作为常绿乔木,根系发达,固土能力强,生命力强,枝叶繁茂,对雨雪截留作用大,非常适用于山陵。在仪式空间的景观方面,松柏冬夏常青,能够营造出深沉隽永的陵墓纪念氛围。而落叶乔木因其秋冬落叶、夏绿秋黄的特性,在一年四季行陵寝祭礼时陵寝中的植物景观会发生多种变化,不利于陵寝肃穆氛围的营造。所以遍植松柏是荫护陵寝肃穆氛围的主要手段。

在陵寝中成排成行种植的树木称为仪树,散点无序种植的树木称为海树。虽然陵寝中的树种繁多,但神道两旁和陵宫区内的仪树一般使用松树和柏树。仪树与海树的种植在皇帝的陵寝墓地中有着较为明显的分区,一般陵宫内部会种植整齐划一的仪树,陵宫外部四周则会大量栽植海树。

陵宫中栽植的仪树齐整俨然,如同护卫陵寝的仪仗,其中尤以各陵神道两旁的仪树最为壮观。整齐有序的仪树为陵寝营造出庄严肃穆的陵园气氛。海树的栽植既不分行,也不成排,如同原始森林一般。海树初由人工栽植,后来自行衍生,越来越多,越来越密,放眼望去一片树海,海树之名由此而来。历代皇帝十分重视陵墓的山水环境,他们在冢山上漫山遍野地广植常青长寿的松柏,并将其视为"江山永固,万代千秋"的象征。

①黄帝陵的古柏群　黄帝陵位于黄陵县东北约1km的桥山上,是轩辕黄帝的陵寝,现开发为一个大型的风景名胜区。桥山拥有我国最大的古柏群,总面积89.2hm^2,共有柏树86 100余株,树种有侧柏、雀柏、亚柏、麻花柏等,多是唐至北宋以来人工栽植而成,其中千年以上的古柏达30 000余株,有"黄陵古柏甲天下"之称。桥山上海植的古柏群是黄帝陵景区景观的重要依托,营造出了千年黄陵雄伟古朴的气势。

②清西陵的古松林　清西陵是清代自雍正时起四位皇帝的陵寝之地,位于河北保定的永宁山下,以规模宏大、气势磅礴的清代古建筑群驰名中外,同时还有华北平原最大的、也是唯一的古松林。清西陵现存古油松逾2万株,还有很多栽植在宝顶上的古柏,以及少量的古白皮松、古云杉等。古松的平均树龄在340年以上,其中树龄最小的有120年,最大的达500年。古松千姿百态,蔚为壮观,著名的古松也不少,如泰陵(雍正)宝顶后城墙上的"卧龙松"、昌陵(嘉庆)宝顶上的"盘龙松"、崇妃陵(珍妃墓)的"凤凰松"等。

③其他著名的陵寝　如中国现存规模最大、体系最完整的古帝陵清东陵,明朝开国皇帝朱元璋及马皇后合葬的明孝陵等,都曾漫山遍野地进行植树。据《昌瑞山万年统志》记载,仅清东陵各陵的仪树就有约17万株。有关明孝陵植物栽植的记载如明朝金幼孜《瑞应甘露赋颂》:"瞻彼孝陵,松柏苍苍兮。"清朝陈文述《秣陵集》:"孝陵之建,有松十万株。"但由于多朝的战乱,这些经过数百年精心栽培的古树都被砍伐殆尽,现今我们所能看到的树木皆为后来的补植,极为遗憾。

7.5.3.2　孔林中的古树

孔林又称"至圣林",是孔子及其后裔的墓园,位于曲阜城北。史载"孔子列葬鲁城北泗上",当时"墓而不坟",占地不过1hm^2。后随着孔子地位日益提高,历代帝王不断赐给祭田、墓田,面积逐渐扩大。东汉时修孔子墓、造神门、建斋宿,南北朝时植树6万株,宋时为孔子墓建造石仪,元时始建林墙、林门,到明代孔林扩至120hm^2,至清代已达200hm^2。现有面积保持了清代的规模,树木10万余株,百年以上的古树约有1万株,主要为圆柏、侧柏、黄连木。园内古木森森，林下墓冢累累，碑碣林立，石仪成队。其延续历史长达 2500 年，是世界上延续年代最久远、保存最完整、规模最大的家族墓地(图 7-12)。

①孔林中的奇树　孔子墓地孔林的植树由来久远，始于孔子死后。据《水经注·泗水》："《皇览》曰：'弟子各以四方奇木来植，故多诸异树'"，弟子们从四方带来奇木名树植于孔子墓周围。清道光年间统计约 17 000 株，现今林内有柏、朴、槐、杨、檀、榆、楷(jiē，又称黄连木)、杜仲、核桃、女贞等树种。这些奇树一方面象征了儒家文化的丰富性与多样性，另一方面也象征了在漫长的历史中不断增加的追随孔子的芸芸学子。

图 7-12　《兖州府志》孔林图
(引自：兖州府志)

②孔林中的名木　孔林中的树木种类繁多，其中柏树和楷树数量多、占比高，并尤以楷树最为知名。《阙里志》记载："林木茂密，无荆棘，无鸟巢，其中楷木纵横有文，为世所贵。"墓园门内北侧的"子贡手植楷"是孔子与子贡亲如父子的师生关系的历史见证，也是千百年来尊师重教的象征。但此树于清光绪八年曾遭雷火，现仅存一段树桩。

孔林中的古树历经沧桑，至今仍枝繁叶茂，四时不凋，一方面寄托弟子们对老师孔子的怀念；另一方面，后人保护并瞻仰古树，也寄托着对儒家及其思想的景仰。孔林作为一处氏族墓地，从周至今，2000 多年来，葬埋与植树从未间断，年代之久，规模之大，保存之完整，为世界罕见。

小　结

不同地理环境中的古树承载了深厚的中国传统文化，折射了中国传统的哲学思想和环境哲学观，在树种选用、栽植方式、植物群落的特征和布局上有着具体的表现。皇家园林气势、祭祀环境的庄严氛围及皇陵墓葬的等级特权使得常绿树大量种植，并讲究对称的规整式布局。深入人心的环境理念让民居村落周围的古树得以长久保护，让古树成为人居环境体系不可分割的组成部分。中国传统文化中蕴含的自然观和生态观思想，支配着不同地理环境下树木的栽植、保护，也留下了不可忽视的文化印记。

复习思考题

1. 松柏类古树为什么是大多数皇家园林现存最多的树种？
2. 古树在祭祀文化中起到什么作用？

第 *8* 章

古树的价值属性

本章提要

古树作为自然资源中的瑰宝，在人类社会发展中具有多元价值。本章梳理了人类对古树价值的认知演变，阐述了古树蕴含的历史、景观、文学艺术、生态、科研科普、养生保健和经济价值，从而丰富人们对古树价值的认识，提高保护古树的意识，发挥古树的综合价值。

8.1 古树价值属性的认知演变

地球生命中，树木远比人类更早出现，是蓝色星球上的"原始居民"。纵观人类历史长河，从古至今人类就与树木有着千丝万缕的联系，人类发展始终与树相伴，不同时期的人们对树木的价值认知也存在差异，这一价值认知演变，随着人类认识世界的进程，与人类社会生产力发展水平等因素密不可分。按照人类对古树价值认识变化，结合古树认知发展，我们可以将古树的价值认知演变划分为：古树价值的产生、古树价值的发展、古树价值的多元化拓展。

8.1.1 古树价值属性的产生

韩非子《五蠹》中记载："上古之世，人民少而禽兽众，人民不胜禽兽虫蛇。有圣人作，构木为巢以避群害，而民悦之，使王天下，号之曰有巢氏。"可以看到在远古社会，人类巢居树上，衣食住行都依靠树木，自然会对树木加以崇拜，感念树木对人类的贡献以及其无限的"生命力"和"生殖力"及对人类的庇佑。这一时期的树木直接与人类生存息息相关，树木的价值直接体现在为人类供给能量与基本的庇护所，其生产生活价值为人们所重视。

随后，在有文字记载的夏、商、周时期，人类从事劳动生产，通过种植和捕猎活动，人类在对树木生产生活价值认识的基础上又发生了一些改变。人们开始对自然进一步探索，由于认知的局限性，这一时期充满着神话色彩，人们常常把古树与神联系在一起，旨在建立一个有关世界和人类的未知领域。本时期的古树价值认知逐步延展到精神文化价值方面，主要体现在以下几个方面：对古树的图腾崇拜、把古树作为人神交流的媒介，自此开启了古树价值认知的先河。

8.1.1.1　视古树为图腾加以崇拜

中国远古神话传说中有许多关于树木崇拜的故事，如日出"扶桑"，日落"若木"，"建木"通天等。《山海经·海外北经》中有"夸父逐日，渴而死，弃其杖，化为邓林"；《山海经·大荒南经》有"蚩尤所弃其桎梏，是为枫木"；《山海经·海外东经》有："下有汤谷，汤谷上有扶桑，十日所浴，在黑齿北。居水中，有大木，九日居下枝，一日居上枝"。"日"即太阳，古代东方将太阳看作是有生命的神鸟，都是居住在扶桑树上的。在四川广汉三星堆二号祭祀坑出土有青铜质"神树"6 件。这些神树都有一个圆环形盘和像"山"一样的树座，有一根主干，若干根枝条，树上有立鸟、果实、挂饰、云气纹饰等，有的树上还有巨龙盘旋或祭人跪拜(图 8-1)。这些铜树显然是一种具有特殊灵气和含义的宗教祭祀用品，青铜神树群体的出现表现了三星堆古人对"神树"的敬畏和崇拜。

图 8-1　三星堆青铜树(耿珂瑶，2020)

8.1.1.2　以古树为人神交流的媒介

神话传说中树木可以做天梯，供上古神人自由往来于天地之间。《山海经》中记载有天梯树名"建木"。"建木"树立在天地中央，成为众帝自由上下、往来的通道。树俨然成了人与神之间交流的"攀升天梯"。

古树价值产生时期，古树是人类重要的庇护场所，为人类提供直接的食物，是人类生存发展的重要物质基础。随着生产力的发展，人类通过劳动发展农业获得了更多的食物，拥有更多时间与精力探索未知。树木作为人类亲密的接触对象和常见的元素，引起了人类的思考，由于生产力水平的限制和探索的局限性，古树便成了人神沟通的重要媒介。

8.1.2　古树价值属性的发展

进入封建社会后，随着生产力的发展，生活资料的丰富，社会构成逐渐复杂，精神需求日渐受到重视，所谓"仓廪实而知礼节"。受中国传统的儒家、道家、佛家"三才思想""阴阳五行"学说、"农本思想"等的影响，本时期古树价值开始多方面延展，在文学、艺术、园林等多个领域中都有较大的发展，人们对古树的价值追求从以生产生活为重，转变为关注精神和文化需求为重的阶段，古树文化也成为中华文化中的重要组成部分。

8.1.2.1 古树丰富人文思想的内涵

植物的多样性丰富了人文思想内涵。据统计，《诗经》305篇诗文，涉及植物名称或描写的有135篇。涉及篇数在10篇以上者有桑、黍、枣类，这些出现次数较多的植物，都是与当时人们的衣食住行密切相关的植物。在这个时期，植物被赋予人文思想内涵，例如古松柏，常取其万古长青，名人青史之意，往往栽植于皇家园林和寺庙观宇；柳槐，取其留念、留恋、怀念之意，故更多地栽植保存于村镇街头、庙宇和民间坟墓；榆树，因取其"富富有余（榆）""年年有余"（榆）之意，大多栽植于村镇街头和古院落；银杏树，取其盈赢、兴盛之意，往往栽植于豪宅、庄园；枣、桂树，取其早生贵子之意，杏树，取其幸运、幸福之意，则往往栽植于民间的庭院、古园等。

在艺术创作上，该时期树木题材的艺术作品日益增多，文人志士常以树木抒情言志、寄托情思，使树木成为特定的人文符号。"梅令人高，兰令人幽，菊令人野，莲令人淡，春海棠令人艳，牡丹令人豪，蕉与竹令人韵，秋海棠令人媚，松令人逸，桐令人清，柳令人感"，均是人们借植物托情言志，赋予树木以某种特有的品格，并凝练在艺术作品中。

8.1.2.2 古树影响中国园林造景

从秦、汉时期开始，树木除用于农业种植外，开始大量应用于园林建设，用于提升城镇、乡村、宅院等的环境。树木自然优美、形体苍古，加之其自身蕴含的人文精神，使园林景观更具文化内涵。这种人文美不是生硬地附加在植物之上的，而是"修其辞以明其道"，通过形式美和思想内涵美的结合，实现"对内足以行情，对外足以感人"。

8.1.3 古树价值属性的多元化拓展

近现代由于科学技术的迅猛发展，人类认识世界的角度与方法更加系统化、多维化。目前，很多国家都建立了较为完善的古树研究体系，为保护古树提供了重要的科学依据。我国各省（自治区、直辖市）也相继出台了不少关于古树长效保护机制的法规和政策，并开展了一系列发掘古树历史文化价值的课题，古树价值呈现出多元化的拓展。

8.1.3.1 古树价值属性相关研究

古树作为一种独特的人文资源，随着社会经济的发展而日益受到重视。国内外许多学者从古树的数据调查统计、数据库建设、价值评价、保护措施、系统建设等方面做了大量的探索与研究工作，古树的历史文化价值、景观价值、生态价值、科研科普价值、养生保健价值、经济价值等得到了全面认识，古树价值得以更全面的拓展，古树价值研究的角度和方法也呈现多元化趋势。

国内外许多学者对古树价值进行了系统研究。吴焕忠等对古树的价值做了计量研究；董冬等运用层次分析法（Analytic Hierarchy Process，AHP）和模糊综合评价（Fuzzy Synthetic Evaluation，FSE）方法，对九华山风景区的古树景观价值进行了评价；刘嘉等从树势属性角度出发，对古树进行了评价；孙超等利用程式专家研究法，对古树的景观价值进行了评价；米锋等对古树的损失额做了计量研究；贾永生等使用 AHP 方法，对古树的综合价值进行了评估；针对古树的等级价值，杨韫嘉等做了评估研究；针对古树与民族文化存在的关系，钱长江等做了深入探究(表 8-1)。

表 8-1　我国古树价值属性相关研究

作者	价值评价要素
徐炜(2005)	经济价值、生态价值、科研价值、景观价值、社会价值
田利颖，陈素花等(2010)	景观价值、生态价值、科研价值
吴焕忠，蔡墥等(2010)	经济价值、生态价值、社会价值
汤珧华，潘建萍等(2014)	经济价值、历史文化价值、景观价值、科研价值
王继承(2011)	生态价值、经济价值、社会价值
贾永生，乌志颜(2014)	生态价值、经济价值、社会价值
杨韫嘉，王晓辉等(2014)	自然价值、文化价值、景观价值
米锋，李吉跃等(2006)	科学文化价值：科学研究价值、历史文化价值
孙超，车生泉(2009)	科研价值、生态价值、景观价值、历史文化价值
	文章重点分析景观价值
董冬，何云核等(2010)	美学价值、生态价值、资源价值

8.1.3.2　古树价值多元化利用

现今，随着人们对古树价值认识的不断丰富，在对古树充分保护的基础上，在古树保护工作走向法治化、规范化、制度化基础上，通过信息化管理、科学保护、社会参与等手段，古树生态环境保护、景观游憩、自然科学研究、养生保健等价值得到多元化利用，这种多元化利用使古树价值得以全方位体现。

8.2　古树的价值属性构成

古树价值是指古树对于人类表现出来的有用性和积极意义。古树具有重要的历史、景观游憩、文学和艺术、生态、科研、养生保健、经济等价值。

8.2.1　历史价值

我国五千年的华夏文化光辉灿烂，古树历史文化同样闪烁着耀眼的光芒。古树的存在，深刻反映了中国树木文化的特色和中华民族悠久的历史传统。它见证了历史、记录了历史、传承了经典。

8.2.1.1　见证历史

"历尽兴亡多少事，默默无言相与知"，古树见证了中华五千年古老的文明，见证了朝代更迭、岁月流转与历史变迁，见证了人类文明的发展史、城市建设史及政治兴衰史。我国有周柏、秦柏、汉槐、隋梅、唐杏、唐樟之说，均可作为历史的见证。北京景山公园崇祯皇帝自缢的古槐，是记载农民起义的丰碑；北京颐和园东宫门内的两排古柏，在八国联军火烧颐和园时被烧灼，因此靠近建筑物的一面没有树皮，留下了帝国主义侵华罪行的铁证；云南大理无为寺的古软叶杉木是忽必烈南征大理的见证；云南丽江北岳庙的千年圆柏，是古南诏国王仿效中原，禅封玉龙雪山为云南北岳的标志。云南的古树还为军屯移民流向提供了历史信息，元代以来特别是明清两代，大量军屯移民到云南，军屯移民给云南带来了先进的生产技术和文化，也带来了树木种子，如银杏、流苏木、柳杉、石楠、桂花、紫薇、牡丹等树木，在云南各地落脚点种植，如今这些古树，是移民后代"望树忆祖"的思乡寄托，也成为移民流向的标记，为军屯移民历史研究提供了宝贵实据。当代作家梁衡把河南三门峡的"七里古槐"看作中华民族历史的活的物证，并用树身 360°展开图形象地说明历史就留存在树的皱褶、裂缝、枯洞、筋结、伤痕里（见彩图 26）。

8.2.1.2　记录历史

古树名木除了天然的自然属性外，往往自身还附带很多传说、轶闻等历史烙印，与历史上的重要人物、重要事件相联系。当面对这些古树时，可通过这些古树媒介，拉近与古人的距离，去感受历史人物和历史故事。比如有"轩辕柏""孔子桧""项王槐""书圣樟""李白杏""东坡棠""朱熹杉"之载，还有"佛树""神树""祖宗树"等文化教化之说等。借助古树，特殊的社会和文化印记被留存下来，人类文明的发展史、城市建设史及政治兴衰史得以一瞥。古树反映了地域的历史文脉和景观特色，并为继承和发扬城市风貌提供了鲜活的依据，成为一个地点和历史的标识，能直接或间接为史学、考古学及社会学研究提供佐证。

名人手植柏，是古圣先哲所拥有的传统精神的结晶，凝结着当年那些栽种者的心愿、爱憎、情趣和追求。在名人手植古树前，仿佛古树就是贤者、尊者、圣者，在与人们进行一场对话。面对"王阳明手植柏"，能体会一个哲学家的正直与良心；而鲁迅的白丁香，透露出的是思考者的孤寂与冷静；张学良的"将军楠"，显现的是作为一代风云人物的包容与大度；文天祥在北京东城区府学胡同文天祥祠内植的古枣，汤显祖在湖北黄石东方山植的古松，郑成功在台湾台南市植的古梅，林则徐在福建福州西湖桂斋植的桂树，以及伟大革命先行者孙中山先生 1883 年从檀香山引种栽培在故居翠亨村的酸豆树等，它们都像一座座历史的纪念碑，矗立在华夏大地上，激励着后人。

8.2.1.3　传承经典

古树不仅仅是具有美丽外形的自然物，更成为表现哲理、启迪智慧、传承文化的人文载体。例如，为了纪念我国思想家和教育家孔子，越来越多的儒家弟子和封建统治者在曲阜的"孔林"中栽植青松翠柏，一方面纪念这位伟大的思想家和教育家，另一方面孔子的儒家思想也在这片圣地中得以传承。

古树可以传承传统文化。屈原在《离骚》中曾写到众多的植物，如江离、辟芷、秋兰、木兰、宿莽等，并以椒、桂、蕙等香草来比喻群贤，用"朝饮木兰之坠露""夕餐秋菊之落英"来表示自己不为世俗所折服的决心。著名的"四大名木"楠、樟、梓、桐和"岁寒三友"松、竹、梅等，以各自特殊的材质和树形受到人们的青睐，并在漫长的历史进程中形成了自己独特的人文符号。试想，如果这些植物或古树销殒在历史的长河中，我们如何能够深切体会到经典的魅力，感受文化的传承？

8.2.2 景观价值

古树具有形态美、色彩美、质感美、意境美等特点。经历千百年沧桑的古树，无疑是植物景观中最具典型意义的树木。在风景名胜、园林古迹中，一株古树往往会成为重要景点，如黄山的迎客松、泰山的五大夫松、庐山的三宝树、武侯祠的汉柏等，因古树成为名园、名胜的也不计其数，甚至一些偏僻的村落，因一株古树之故，吸引不计其数的观光客。古树的景观价值体现在古树的资源珍稀或奇异程度（垄断性）、规模、完整性、资源品牌价值等。古树景观价值主要来源于树木自身的美学价值和由此产生的旅游观赏价值以及古树品牌价值。

8.2.2.1 美学价值

美学价值是指在审美对象上能够满足主体的审美需要、引起主体审美感受的某种属性。古树具有极高的自然美学、生活美学、艺术美学和道德美学价值。

①自然美学价值　古树因其自身的独特审美特征而具有自然美学特征。例如古树由于生长期长，年代久远，它的枝干会因表皮细胞分裂，呈现出一定的肌理特征。不同的树种表现各异，如古松的霜皮皲裂形似龙鳞，古柏的木质坚硬、纹理致密，这样因古树质感不同所产生的美学效果也不一样。陕西药王山的古柏，树龄 1300 多年，因其树干纹理纹缠丝转，被称为"转纹柏"。《耀州志》记载："转纹柏，立元殿前，古柏五株……其木理纹如缠丝然，信奇绝瑰，异树也。"人们在观看江西婺源的樟桥，重庆巴川的黄梅门，河南安阳的奇门柏，四川屏山的榕根桥，以及夫妻树、卧牛榆、蟠龙杉时，往往会从内心发出赞叹，这里领略到的是一种巧夺天工、神奇造化的自然之美。

②生活美学价值　其关注个体生存价值和生命意义，把审美建立在生命活动的基础上。古树围绕着人类活动场所布局，人类的一些活动也围绕着古树进行，如梅园古柿，梅兰芳先生曾在树下吊嗓清唱；凤凰槐，宋庆龄同志曾在树下看书思索。由此由古树形成了一定的生活空间和美学场景，具有了生活美学价值。

③艺术美学价值　很多古树由于历经自然或人为灾难的影响而拥有了奇特形态。苏州司徒庙有 4 株汉柏，距今已有 1900 余年。这 4 株汉柏长得古拙别致，形状怪异，"清奇古怪画难状，风火雷霆劫不磨"，是它们的真实写照。清乾隆南巡时赐名为"清、奇、古、怪"。"清柏"，指树干挺拔，直至云天，苍郁清秀，茂如翠盖。"奇柏"，指雷电击中树干后体裂腹露，朽枝生绿。"古柏"，指枝繁叶茂，古朴刚健。"怪柏"，指卧地三曲，如虬似蟠，欲冲青天。清、奇、古、怪既是对这 4 株汉柏审美的概括，也几乎是所有古树审美的生动写照。

④道德美学价值　随着岁月的流逝，古树在生长过程中留下了岁月的印记或缺陷，如空洞、腐朽、树瘤、扭曲、劈裂、秃顶、倒伏等，这些特有的形态却显示出生命的顽强和岁月的沧桑，给人以精神启迪。在苏州司徒庙，刻有中华人民共和国国歌的词作者田汉的《咏四柏诗》："裂断腰身剩薄皮，新枝依旧翠云垂。司徒庙里精忠柏，暴雨飙风总不移。"借古柏的特殊形态寓意顽强的精神；"松柏经隆冬而不凋，蒙霜雪而不变，可谓得其贞矣""岁不寒无以知松柏，事不难无以知君子"，则是借松柏自然特征寓意坚贞不屈的美德。

8.2.2.2 观赏价值

观赏价值，指旅游资源能提供给人们在闲暇时间获得满足体验和心理上愉悦的各种游乐休憩方面的功能效益。古树因生长姿态、季节色彩表现，在不同时期有不同的气质风韵，古树群落的树木随季节、气象变化万千，从而形成了独特的自然景观资源。同时生长于景区、庙宇、祠堂内外、村寨附近的古树，与宗教、民俗文化融为一体，蕴含着丰富的政治、历史、人文内涵，是不可多得的人文景观资源。这样的景观资源很多已成为一个地区的绿色名片，发挥着游览观赏的功能。因此，古树具有独特的观赏价值。

在我国城乡环境中，有很多由古树组成的风景名胜，因深厚的历史积淀和文化底蕴而备受游客的青睐。古树，或风骨清癯，或遮云蔽日，与山岩、寺庙、地方建筑相依相存，成为景观最重要的组成部分。如古蜀道上的翠云廊，就得名于1万余株古柏树；贵州盘县的妥乐村，因拥有1500余株树龄在300年以上的古银杏树，而成为名副其实的"银杏古村"，吸引游客慕名而来。在国外，位于墨西哥瓦哈卡州的圣玛利亚德尔图勒镇中心的墨西哥落羽杉（*Taxodium mucronatum*），2001年被联合国教科文组织列为世界遗产名录，每年吸引成千上万的来自世界各地的游客参观游览（见彩图27）。还有位于南非阳光农场约1060年树龄的猴面包树（*Adansonia digitata*）（英文名：Sunland Baobab），也是南非最具吸引力的旅游景点（见彩图28）。它巨大胸径超过33m，盘根错节的根枝长达23m，别具特色的是，游客可以在中空树干中喝一杯饮料，所以这棵猴面包树又被称为"酒吧树"（见彩图29）。生长在美国加利弗尼亚州的"吊灯树（Chande Lier Tree）"是一株北美红杉（*Sequoia sempervirens*），位于美国加州莱格特"驾车过大树公园"（Drive Thru Tree Park）里。这株树高96m，树洞宽1.83m，高2.06m，可以通行汽车（见彩图30）。

8.2.2.3 品牌价值

品牌价值，是指品牌在需求者心目中的综合形象——包括其属性、品质、档次（品位）、文化、个性等，代表着该品牌可以为需求者带来的价值，是一种可转让的货币单位表示的经济价值。古树的地域代表性、生态效益、文化内涵和顽强的生命力，使其具有独特而持久的吸引力，这就是无形的品牌效应。例如，提起黄山在人们脑海中的第一印象，首先就是屹立在黄山风景区玉屏楼的迎客松，作为黄山的标志性景观而蜚声中外（图8-2）。其独特的形象和扎根石缝坚韧顽强的品格，使迎客松不仅是黄山的象征，也成为整个中华民族的骄傲。黄山市和安徽省利用迎客松的古树品牌效应，拥有了独具一格的地理名片。

8.2.3 文学和艺术价值

人们欣赏古树不仅仅在于古树色彩、姿态、香味等引起的感官方面的愉悦，同时也更加注重古树承载的文化内涵，从中获得精神上的净化和升华，达到情景交融、物我合一的境界。不少古树成为历代文人墨客吟诗作画的重要主题，古树具有极高的文学和艺术价值。

8.2.3.1 古树丰富了文学和艺术题材

在中国文学史上，古树是重要的表现主题之一。有描述古树品质的"大雪压青松，青

图 8-2　黄山迎客松（刘志成，2008）

松挺且直"，也有营造感伤孤独氛围的"苍茫古木连穷巷，寥落寒山对虚牖"。古代文人墨客寄情古树，留下很多名作佳句。如"古树高低屋，夕阳远近山""风吹古木晴天雨，月照平沙夏夜霜""但见悲鸟号古木，雄飞雌从绕林间"等。

我国传统绘画中，也有很多以古树为题材来进行艺术创作。艺术家们的灵感常常来源于古树雄壮的姿态、苍遒的外表，这种浑朴的气象很容易激发艺术家的创作热情。

8.2.3.2　文学和艺术作品升华了古树

在文学和艺术作品视域下，一些古树被赋予人类社会生活中的某种精神，承载着丰厚的文化内涵，古树也因此得到了升华。例如，松柏的长寿形象、傲骨品格来源于文学意蕴，《小雅天保》："如月之恒，如日之升，如南山之寿，不骞不崩。如松柏之茂，无不尔或承。"这几句诗演变为祝寿的吉祥语"寿比南山不老松"，为松柏立了一个恒久的象征长寿形象。宋代仲皎有诗《静林寺古松》为证："古松古松生古道，枝不生叶皮生草。行人不见树栽时，树见行人几回老。"松树郁郁葱葱，生机盎然，尤其是雪花纷飞之时，临风傲立，象征着坚韧不拔、不改其志的大雅君子，因此历朝历代出现了众多咏松的文学作品，如南朝梁范云的《咏寒松》："修条拂层汉，密叶障天浔。凌风知劲节，负雪见贞心。"隋朝李德林《咏松树》："岁寒无改色，年长有倒枝……寄言谢霜雪，贞心自不移。"唐代李白《南轩松》："南轩有孤松，柯叶自绵幂。清风无闲时，潇洒终日夕。阴生古苔绿，色染秋烟碧。何当凌云霄，直上数千尺。"宋代张玉娘《王将军墓》："岭上松如旗，扶疏铁石姿。下有烈士魂，上有青菟丝。烈士节不改，青松色愈滋。欲试烈士心，请看青松枝。"

元代画家吴镇的传世名作《双桧平远图》是一幅以松树为创作主体的画作，现藏于台北故宫博物院。画中两松平地直立，上顶天，下立地，几乎占据了整个画面。两树均挺拔茂盛、形状奇古。左松树身下部曲成弧形，卧于地，中部挺直、劲健，顶部突然探向右方；右松直立挺拔，上部一个近于直角的弯曲，伸向右，于左松一树枝的上方又有一个近于直角的弯曲，然后冲向高空。挺拔、孤傲、相依相扶的松树形象完美地展示于画面之中，松树的艺术形象得以升华(见彩图31)。

8.2.3.3　古树成就了经典文学和艺术作品

中国文化典籍中,不乏以古树喻人,通过对古树这一对象的或描写、或借喻、或抒情等艺术手法,来表达作者的思想感情,成就了流传至今的众多经典文学和艺术作品。如唐代杜甫的《古柏行》、明末清初杜濬的《古树》等。诗为树吟,树为诗传,诗树相融,影响深远,可以说文学创作传播了古树,古树成就了文学佳作。

古树也成就了很多流传至今的经典绘画艺术作品。公元1750年(清乾隆十五年),乾隆皇帝仿效尧禹舜巡狩"五岳"之典,专程安排了一次规模宏大的巡狩中岳活动。行至嵩阳书院,观汉柏,眺嵩山诸峰,有感而发即兴绘制《嵩阳汉柏图》,画的是汉武帝曾御封的"二将军柏",并在图中题诗"汉柏行"。乾隆如实而生动地再现了汉柏形神,其岁逾千年,貌古形诡,苍皮斑驳,树干粗壮,虬枝盘结,瘿瘤凸起,树根部透朽空洞却卓立干云,拔地擎天。树冠部三两根大枝斜逸而出,如同鲲鹏展翅,枝头嫩叶婆娑,一派生机欣荣(图8-3)。乾隆先后四次御笔亲绘《嵩阳汉柏图》并题诗《汉柏行》。这四幅图中,除了《石渠宝笈》三编"延春阁"著录的《汉柏图卷》已佚之外,其余三件采用同样的构图,均作于1750年冬。

8.2.4　生态价值

古树经历千百年生长,其高大的树体,宽阔的冠幅,巨大的叶面积,使古树的生态功效是同体积诸多幼树功效的数倍,甚至数十倍。古树的生态效能巨大,其生态价值体现在以下几个方面:为动物提供栖息地,纳碳吐氧(碳汇),涵养水源、吸污滞尘、降低噪声,调节气候等功能(图8-4)。

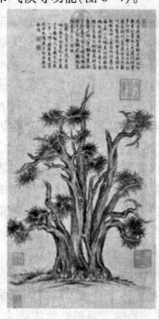

图8-3　《嵩阳汉柏图》
(保利艺术博物馆,2010)

图8-4　古树的生态价值示意图
(黄力等,2021)

改善空气质量
遮荫
提供果实、种子、花资源
提供多样生境
储存碳
粗木质残体和凋落物
植物更新
养分循环

8.2.4.1 生物的"温床"

古树为地球上无以计数的生物提供了不可替代的生境，为地球的生物多样性作出了巨大贡献。经过长时间的生长，古树和生活在统一生物圈的动植物及微生物，构建起了一个小型的生态系统，其相互依存、相互影响。古树不但为鸟兽和昆虫提供了充足食物和繁育栖息的场所，也是苔藓、寄生类植物生长的温床，一些古树树体腐烂的部分还是真菌类生物最适宜的生存土壤，如名贵中草药灵芝，在《本草纲目》中描述为"乃树木腐朽余气所生"。在破碎化高和干扰强烈的人类聚居地，古树具有"踏脚石"的作用，能够促进物种在不同景观中的迁移和交流。

8.2.4.2 纳碳吐氧(碳汇)

森林具有碳汇功能已经成为国际社会的广泛共识，《京都议定书》和《巴黎协定》将造林、森林可持续经营作为应对气候变化的重要措施。古树是大自然的瑰宝，是森林资源中的精华，在自然界存活了千百年，碳封存的效果很显著，树越古老，碳封存的时间越长，对减缓气候变化越有利。有研究发现，古树茶园的碳汇储量几乎为普通台地茶园碳汇总量的 2 倍。

8.2.4.3 防风固沙涵养水源

古树庞大的根系向四面八方延伸，像巨手般牢牢抓住土壤，而被抓住的土壤水分，则被树根不断地吸收蓄存。而且对排入地下的污水有强大的处理能力，能净化水环境，提高水质，保养水资源。古树还能够防风固沙，减小风速。因此，古树可有效抵挡风沙灾害和涵养水源。

8.2.4.4 减噪滞尘，吸收有害气体

古树枝繁叶茂，可作为绿色屏障挡风减灾、减噪滞尘、净化空气。古树的巨大树冠，可以有效地降低风速，使空气中的大部分颗粒粉尘沉降下来，降低空气中颗粒物的含量，同时古树也有良好的过滤和吸附烟尘和粉尘作用，从而达到净化空气的效果。

很多古树有吸附空气中的总悬浮颗粒物、SO_2、CO、Cl_2 等有害气体的作用，可以大大降低空气中有害气体的浓度。如榆树、银杏等常见古树树种吸附 SO_2、NO_2 等有害气体的能力很强。

植物的树干和枝叶也是天然的减噪利器，古树由于上百年的生长，其枝叶错综复杂，当声波进入后，会经过枝叶的多次吸收，将声波降到最小。

8.2.4.5 改善局部气候

植物都具有蒸发作用，古树也不例外。从根部吸水，通过枝干输送到叶面，再经蒸腾作用散播到空气中，从而使局部空气水分聚集，湿度增大。因此，古树群落内的湿度比群落外要高很多，古树周边的环境也会比其他地方的环境更加适宜。

8.2.5 科研科普价值

古树具有重要的科学研究价值。经历过自然界无数次劫掠而顽强生存下来的古树有着重要的生物学价值。古树是绝对的优种，是最优秀的物种生物基因库，是培育新品种的重要来源。古树记录了山川、气候等环境巨变和生物演替的信息，记录了降水、气温等气象要素的年代变化，记录了当地的丰年、灾年情况。古树是人类探索大自然奥秘的桥梁和依据，古树的年轮结构，就像一面历史的明镜，向人们展示着经历漫长岁月的气候、水文、地质、地理、植物进化和生理生态等变化情况和人类活动的历史。

古树蕴含着丰富的自然与历史人文信息，还具有重要的科普价值。古树可以成为自然和历史文化教育的课堂，通过古树开展自然与历史文化教育不仅可以让公众了解、关注古树，帮助公众建立对环境的敏感度，促进对自然环境的保护；同时通过古树了解历史，了解其蕴含的深厚文化内涵，最终让公众认识生命的力量，产生对生命的敬畏，从而自觉增加保护古树、爱护自然的意识。

8.2.5.1 自然历史价值

古树是乡土风景资源的典型代表，其生长与自然条件的变化有极其密切的关系。年轮的宽窄和结构是这种变化的历史记载，它们反映了一定地域的自然条件和社会环境的变迁，是研究探索该地域的植物区系分布、发生、发展及其起源和演化的重要实物，也是考察古代气候、地质、水文、历史、地理及人类活动的重要佐证，还是研究古代林业发展史和园林史的"珍贵绿色文物"，因此具有较高的自然历史研究价值。

美国当代著名环境伦理学家霍尔姆斯·罗尔斯顿说："科学告诉我们：自然中有着十分吸引人的复杂性，可以作为我们这种高尚求知活动的对象。"古树涉及不同种属，有着生物的典型特征，其本身就具有科学价值，当科学家将之作为求知活动对象时，其本身的自然历史价值便逐一显露出来。例如，我国20世纪40年代水杉的发现，不仅找寻到了"化石"活体，还解决了困扰分类学家多年的松科、杉科与柏科之间的亲缘关系问题，交互对生的叶片，在形态上为互生叶的松科和杉科与对生叶的柏科搭起了一座亲缘关系连接的桥梁。此外，我国银杉、冷杉、桫椤、珙桐、红豆杉、秃杉、坡垒等一大批珍稀树木被发现和定名，它们都蕴含着丰富的科研内涵，是探索大自然奥秘的钥匙。

古树多为乡土树种、外来归化种，是长期适应自然条件的结果，代表着地区森林植物组成和外貌特征。从某种意义上讲，它是今天风景园林绿化先锋和指示性植物，为景观建设及树种选择提供了重要依据。

8.2.5.2 生物学价值

古树在区域生物多样性保护方面具有极其重要的价值。第一，古树群体形成了一个巨大的物种库，本身承载了很高的生物多样性。有学者于2020年研究了中国561个区县的古树物种组成特征，发现中国的古树中包含1140个物种，其中957个物种为乔木树种，约占中国自然分布乔木树种的30%（黄力等，2021）。

在许多人为干扰强烈的景观中，这些古树个体可能是当地唯一的自然记忆，因而具有重要的生物多样性保护价值。此外，古树的物种库中包含有大量的地带性植被的优势种和常见种，如亚热带常绿阔叶林中的壳斗科（Fagaceae）、樟科（Lauraceae）和山茶科（Theaceae）物种等，这些物种是亚热带常绿阔叶林植被近自然恢复的较好物种选择。同时，古树的物种库中也保存大量的受威胁物种和偶见种，这些物种在区域生物多样性保护中具有特殊的价值。在遗传多样性方面，古树也具有其他植物类群所不具备的优势，如具有更高的遗传多样性和更古老的基因等。

古树为建立野生生物种质资源库以及保护生物多样性提供了重要的科学依据。新疆现有第三纪孑遗的野生苹果、野生樱桃李和野生核桃，1992 年 7 月，美国园艺家毕奥·葛斯特森到伊犁，察看野核桃后高兴地称其为"天下第一野核桃王"。通过对野核桃王的种子和基因的提取，科学家培育出更多皮薄核大、抗病性优良的核桃品种，充分说明了古树作为基因宝库的巨大生物学价值。在哀牢山的千家寨，有两株野生茶树王，其中大株树龄约2700 年，树高 25.6m，胸径 89cm，被称为"中国茶树之祖"，它是研究茶文化、茶树起源、种质及遗传基因的活标本（苏祖荣，2014）。

8.2.5.3　科普价值

古树大多经历了沧海桑田般自然演变的考验，是大自然变迁史的见证。例如，通过古树科普，可以了解到银杏树是这个曾在地球历史舞台上扮演过重要角色的家族残留下来的唯一成员。金钱松、柳杉、鹅掌楸、香果树是第三纪孑遗种类的"活化石群"，是珍贵的天然"基因库"……很多古树还蕴含着丰富的历史发展线索。对于这些自然和文化遗产，可通过挂牌说明、树碑介绍、导游宣讲等形式与游览线路相结合，达到增加旅游内涵、普及科学知识、保护自然与文化遗产的目的。

8.2.6　养生保健价值

8.2.6.1　药用、食用功能

古树除了作为观赏植物以外，还可用作药材、食材，甚至用作天然防腐抗菌剂、抗氧化剂。如南方古红豆杉对卵巢癌、细胞性肺癌、前列腺癌、胃癌、白血病等有特定疗效，古银杏的果和叶具有很高的药用价值，古茶树叶被制成品质独特的普洱古树茶等。

有学者以陕西黄帝陵树龄 20 年和 3000 年侧柏叶片作为研究对象，发现在信号转导、转录因子、ROS（活性氧）清除、抗逆、次生代谢等差异表达基因中，3000 年树龄的侧柏中有许多相关基因的表达量高于 20 年侧柏，揭示了侧柏抗衰老机制。由于古茶园具有良好的自然生态系统，能有效抵御各类常见病虫害，无须喷洒杀虫剂，故而古茶成了茶叶市场中十分珍稀的养生植物资源，古树茶的市场价值也由此攀升（常二梅，2012）。

8.2.6.2　保健功能

古树在改善空气质量的过程中发挥着重要作用。古树在自然状态下释放出很多具有生物活性的植物精气，如松树、樟树树叶分泌的植物精气，可以杀死空气中的细菌、害虫及病原菌；桢楠、细叶楠树种的不同器官精气中包含有安神助眠、抗焦虑和抑郁、镇咳平喘、抑菌消炎等功效的成分。

8.2.7　经济价值

古树的经济价值可主要归纳为两个方面，一是树木本身的直接经济价值；二是间接经济价值。

直接经济价值包括古树的花、果、枝、叶、根、树皮的食用和药用价值。因为古树生长周期长，数量稀少，提供的产品也就更加珍贵，相较同类树种，经济价值也更高。如生长在福建武夷山九龙窠景区的大红袍母树，作为目前国内仅剩的 6 株大红袍母树，其茶叶价格比普通茶叶价格高出很多。2001 年被中国国际农业博览会评为名牌产品的无核黄皮，其母树就是广东省郁南县建城镇"干园"别墅里的古树，它是我国第一棵种植成功的无核黄皮，从而使郁南县成了"中国无核黄皮之乡"。许多古树的种子也有良好的经济效益，如龙眼可以作为杂交育种的亲本，古樟能提供大量果实，这些果实可用于育苗、工业或药用。据调查，厦门市早期所植的圆叶蒲葵都是鼓浪屿黄荣远堂别墅内两株圆叶蒲葵的后代。有些古树集中分布的地方，古树还是当地经济收入的重要来源，如被称为"中国辛夷之乡"的河南省南召县皇后乡，有一株辛夷古树被称为"辛夷王"，当地群众称"一株辛夷王，赛种十亩粮"。

间接经济价值包括古树吸纳二氧化碳和释放氧气、滞尘和吸收污染气体防治空气污染的价值；防止水土流失及增加土壤肥力的价值；为动物遮风避雨和鸟类筑巢栖息，促进生物多样性产生的价值；还有美化环境、景观游憩、提升地区文化形象、带动城乡经济发展等价值。

小　结

古树的价值认知演变深受社会生产力的发展和人类认识过程的影响。我国对古树价值的认知演变大致可以分为古树价值产生、古树价值发展、古树价值多元化拓展 3 个时期。古树具有历史文化、景观、生态、科研科普、养生保健和经济等价值。古树不仅是历史、文化、林业等领域学者们的研究对象，也是摄影、绘画、文学等艺术家的创作对象，更会成为面向大众的历史、文化、科普教育和访古探幽的去处，成为生态旅游的亮点和传播生态文明的窗口。

复习思考题

1. 举例说明古树扮演过的"角色"。
2. 我国不同时期对古树的认知演变体现了古树的哪些价值？
3. 简述古树的价值构成。
4. 当代社会生态文明建设进程中，应该如何发挥和利用古树的价值？

第 *9* 章

古树与现代城乡人居环境

本章提要

　　本章重点讨论古树与现代城乡人居环境的关系。先介绍现代人居环境中影响古树分布的因素、古树的分布格局及特征。了解古树分布格局与特征，明确古树分布的影响因素，找出其内在规律，才能够更好地保护古树，实现古树与现代城乡人居环境的和谐并存。然后挖掘古树在现代城乡人居环境中分布的文化根源，并从当下国土空间规划的视角下审视古树与城乡规划的关系，尤其与树种规划和生物多样性保护规划等专项规划的关系。

　　人居环境，顾名思义是人类聚居生活的地方，是与人类生存活动密切相关的地表空间，是人类生活、工作、游憩和社会交往的空间场所。古树是人居环境中活着的绿色文物，记录着地理环境、人文和社会历史的变迁，具有极其珍贵的价值。在现代城乡人居环境中，古树既是历史记录者，也是城乡居民日常生活的陪伴者。

　　人居环境是人类在大自然中赖以生存的基地，是人类利用自然、改造自然的主要场所。人居环境的形成是社会生产力的发展引起人类的生存方式不断变化的结果。作为人类栖息地，人居环境经历了从自然环境向人工环境、再从低一级人工环境向高一级人工环境发展演化的历程，就人居环境体系的层次结构而言，这个过程表现为：散居、村、镇、城市、城市带和城市群等。人居环境可分为生态绿地系统与人工建筑系统两部分。进一步来说，人居环境包括自然系统、人类系统、社会系统、居住系统和支撑系统5个子系统。

　　吴良镛认为：就物质规划而言，建筑、城市规划、风景园林三位一体，通过城市设计整合起来，构成人居环境科学体系的核心。同时，外围多学科群的融入和发展使它们构成了一个开放的学科体系。多种相关学科的交叉和融合将从不同的途径，解决现实的问题，创造宜人的聚居环境。

9.1　古树在现代城乡人居环境中的分布

　　古树是现代人居环境中最具有生命力，最具历史标志性的生物体，被誉为"珍贵的绿色文物"。古树既携带其所在地域的历史、文化、习俗等基因，又具有固碳、改善微气候、维持生物多样性等生态功能。在现代城乡人居环境中，研究和明确古树分布格局的影响因素和关键的驱动因子，保护古树及其生态环境，让古树与现代城乡人居环境和谐并存，对建设宜人的自然生态环境与和谐的社会和人文环境，推进人居环境可持续发展具有重要意义。

9.1.1　人居环境中影响古树分布的因素

9.1.1.1　古树自身生物学特性的影响

人居环境中，树木成为长寿的古树，受古树自身生物学特性的影响，表现为以下几个方面：

①古树自身遗传特性的影响　即古树具有长寿基因。统计资料表明：寿命长的树种，主要包括柏、银杏、松、槐、樟、榕、杉、茶等树种。

②古树根系的性状影响　研究显示，大部分古树树种是深根性树种，主根和侧根都很发达，既能保证足量的根系吸收水肥，保证树体生长发育所需养分，又能提供强大的固地与支撑能力来稳固庞大的树体，使树木在千百年来屹立不倒。

③古树树种生长缓慢　古树通常为慢生或中速生长的长寿树种，因生长缓慢，使组织结构致密、充实，树干结实不易被外因损害，从而为其在长期不良的环境条件下生存提供有利的内在条件。

④抗性较强的树种　古树多为本地区乡土树种，或是经驯化、已对当地自然环境条件表现出较强适应性，并对不良环境条件形成较强抗性的外来树种。例如，侧柏，抗旱、耐瘠土和抗其他不良环境条件能力极强，另外其树枝、叶内含有苦味素、侧柏甙及挥发油等，具有抵抗病虫侵袭的功效；银杏是中国特产的孑遗树种，是地球上发生病虫害最少的树种之一，这与银杏具有强大的抗病抗虫能力有关系，因细胞组织中含有的聚乙烯醛和多种有机酸，银杏叶片具有较强的抵御各种病原菌侵染的能力。

9.1.1.2　地理环境对古树分布的影响

古树分布在地理分布格局上存在较大差异。研究发现，在不同地理尺度上，影响古树分布格局的主要因素也不同。在宏观尺度上，古树的分布格局主要受降水、温度等气候条件、土壤环境、地形因素和人为干扰强度的综合作用影响。在局域尺度上，古树的分布与海拔、坡度、地形、地表干扰、土地利用等因素有关。在城乡人居环境中，古树的分布及状态则与古树自身的生物学特性、生长的地理环境有关，更与人类的文化活动密切相关（黄力等，2021）。

9.1.1.3　历史、文化和人类活动对古树的影响

在城乡人居环境中，古树的分布与人类的文化活动密切相关。从历史的角度来看，古树是农耕时代重要的历史遗留物，部分特殊的古树是重要历史事件的经历者和记录者。从文化的视角看，古树是重要的文化符号和文化象征，在地域文化中具有特殊的象征意义。

人居环境的历史、人类文化活动是古树分布重要影响因素。与历史文化相关的场所往往是古树的集中分布地。例如，我国南北方广大地区，祭祀、风水文化较为盛行，有古树祭拜、祈福的习俗。树崇拜文化、风水文化、宗教文化等人类文化的活动，触发了居民长期保护古树的实践行为。宫殿、寺庙、道观、墓园、宗祠等文化场所也成为古树集中分布地。以北京为例，其古树大多分布在宫殿、寺庙、道观、墓园、宗祠等文化场所。根据2017年普查资料和《北京郊区古树名木志》中的古树资源数据统计，北京市共有古树40 527株，古树资源在北京各大区中以海淀区分布最多，达到了12 000 株，约占北京地区古树总量的1/4。北京市海淀区之所以古树资源丰富，是因为海淀区得天独厚的"背山面水"地理条件，造园活动自辽金时期便已开始。至清代，从康熙皇帝开始，在前朝私家园林的基础之上大规模建造皇家园林，从而形成今天"三山五园"整体皇家园林景观格局，其中香山公园有古树5860 株。西城区地理位置特殊，曾作为北京3000 多年的建城地和800 多年的建都地，是皇家文化和民俗文化的融合区，区内风景名胜众多，著名的景点有北海公园、景山公园、月坛公园、恭王府花园等。景山公园有1008 株古树、北海公园有古树585 株，北京动物园40 株。昌平区有明代皇家陵墓区，拥有古树5978 株，古树资源全市排名第三。北京其他行政区的寺庙、祭坛等也分布着众多的古树，如东城区的古树资源基本上都分布在天坛公园，是北京市区一级古树分布最多的公园。怀柔区红螺寺的古树资源在该区内最多，100 年以上的古树有3004 株。门头沟区古树数量多与历代封建王朝信奉道教、佛教而修建大量寺庙、道观有关，如潭柘寺、戒台寺，另外墓地及村庄的风水风景树也占了较大数量。

在海外，如非洲和欧洲地区，教堂周边区域保存了大量树龄极大的古树。如教堂林是埃塞俄比亚的最重要的古树区。在意大利中部地区，大径级树木大多被保存在教堂周边的森林中。法国有一座著名的橡树教堂（Oak Chapel，France）坐落于法国阿鲁威尔-贝尔佛斯村，橡树高15m，胸径16m，树龄在800~1200 岁，是法国目前已知最古老的树木。一道楼梯沿着树干蜿蜒而上，而在树干的顶端居然建有两座小礼拜堂，极富传奇色彩，每年虔诚的信徒都会在橡树教堂举行集会。

人类的活动也是影响古树分布的重要因子之一。一方面，古树能够为人类提供稳定的生态系统服务，能够持续地为人类提供生产、生活的物资，如食物、香料、药物、饲料和木材等，在农耕文明时期，是人类生产生活资料的重要补充。人类生产、生活中长期的选择，留下了这些"有用的"古树。另一方面，人类活动也干扰了古树的生存环境。例如，现代社会经济的快速发展，人类在修路、造桥等改善人居环境，以及不合适的环境治理时，也使得大量的古树处于濒危的境地。

9.1.2　我国人居环境中古树的空间分布*

受自然地理环境、人文习俗、历史变迁及经济发展的影响，我国古树分布极不均衡。古树资源调查和统计结果显示：我国人居环境中古树空间分布及特征具有很大的差异性。

---

*　本小节数据引自国家林业和草原局官网。

9.1.2.1　按行政区划的古树空间分布

2022 年第二次全国古树名木资源普查结果显示，我国古树名木资源最丰富的省份是云南，超过 100 万株，陕西、河南、河北均超过 50 万株，浙江、山东、湖南、内蒙古、江西、贵州、广西、山西、福建都超过 10 万株。

9.1.2.2　按古树生长状态的空间分布

我国古树生长状态主要呈群状分布格局，第二次全国古树名木资源普查结果显示，全国普查范围内的古树名木共计 508.19 万株，包括散生 122.13 万株，占 24.03%；群状386.06 万株，占 75.97%。散生古树名木中，古树 121.49 万株、名木 5235 株、古树且名木 1186 株，数量较多的树种有樟树、柏树、银杏、松树、槐等；群状古树分布在 18 585处古树群中。全国散生古树的树龄主要集中在 100~299 年，共有 98.75 万株；树龄在300~499 年的有 16.03 万株；树龄在 500 年以上的有 6.82 万株，其中 1000 年以上的古树有 10 745 株，5000 年以上的古树有 5 株。

9.1.2.3　按古树在城乡人居环境中的空间分布

人居环境主要包括人类工作劳动环境、生活居住环境、休息游乐环境和社会交往环境。人居环境涵盖所有的人类聚居形式，通常可以把它分为乡村、集镇和城市三大类，其中镇是处于城市和乡村的中间过渡类型。

我国古树资源主要分布在乡村地区。第二次全国古树名木资源普查结果显示，分布在城市的有 24.66 万株，占总株数的 4.85%；分布在乡村的有 483.53 万株，占总株数的95.15%。以广东省为例，全省古树名木分布在乡村的数量为 70 128 株，占总株数的87.23%；分布在城区的数量为 10 270 株，占 12.77%。广西北海市古树名木分布于城市的101 株，占全市古树名木总数的 7.78%；分布于农村的 1198 株，占全市古树名木总数的92.22%（表 9-1）。古树在人居环境中的分布呈现乡村多、城区少的特点，究其原因，主要有以下两个方面：①城市人口密集、土地资源稀缺和快速的城市化建设导致古树资源的生存空间越来越小；②乡村广阔的空间不仅给予古树更多的生存空间，乡村居民对古树有更为深厚的情感基础，古树是乡村历史和乡村文化的见证者，许多地区的乡村居民把古树当作乡村的守护者，使其得到更好的保护。

人居环境中古树的分布格局及特征受自然地理环境、社会历史变迁、文化和习俗，以

表 9-1　北海市古树名木生长位置（引自邹嫦等，2017）　　　　株

区　县	城　市	农　村	单位庭院	个人宅院	寺　院	风水林	其　他
海城区	96	4	66	1	0	0	33
银海区	2	1133	7	0	0	1104	24
铁山港区	0	20	0	0	0	0	20
合浦县	3	41	8	0	1	1	34
合　计	101	1198	81	1	1	1105	111

及社会经济发展的影响。找出古树在人居环境中的空间分布格局和特征,对古树保护具有重要意义。

9.2 古树与城乡人居环境的融合

在我国传统树木崇拜与儒道释文化思想等的影响下,形成了独特的古树文化,并影响着古树在城乡环境中的分布。无论城市还是乡村,由于大量古树的存在,不仅能够彰显独特的地域生态思想,而且极大地提升了各类公共空间(场所)的文化底蕴。此外,古树与当代城乡规划关系密切,尤其是城乡绿地系统规划中的树种规划以及生物多样性保护规划,都需要对当地的古树资源进行深入细致的调查分析,并将其合理纳入总体规划中加以统筹考虑,从而更好地实现古树的多元价值。

9.2.1 古树与城乡文化

古树是大自然和前人留给我们的无价之宝,蕴含着丰富的文化内涵并彰显地域特色,既是不可多得、不可再生的自然资源,又是一种文化资源、文物资源。我国城乡很多区域拥有丰富的古树,它们既能反映城乡地理环境特点,又能反映居民的生活,对城乡文化的形成与发展具有重要影响。远古先民对自然、对树木有着深厚的感情,并逐渐形成了"树木崇拜",同时,在儒道释等不同思想体系的影响下,共同形成蕴含丰富传统生态思想和智慧的古树文化,成为千百年来城乡人居环境建设的思想根源。

9.2.1.1 因境而变,彰显城乡古树地理分布特色

古树是城乡自然地理条件、地域特色的综合体现。在我国 960 万 km^2 的广袤土地上,由于自然气候和地形地貌的差异,自然植被呈现典型的地带性分布特征,自北向南共分为 8 个植物分区:①寒温带落叶针叶林区域;②温带落叶阔叶林区域;③亚热带常绿阔叶林区域;④热带雨林、季雨林区域;⑤温带草原区域;⑥高原草甸、草原区域;⑦温带荒漠区域;⑧高寒荒漠区域。上述 8 个区域中,前 4 个区域古树资源较为丰富。例如,位于东南沿海地区的福建省(隶属于第④植物带),由于气候温润多雨,古树分布广泛且种类多样。2021 年底福建省评选出首批"福建最美古树群",包括政和县东平镇凤头村闽楠古树群、霞浦县长春镇传胪村黄连木古树群、建瓯市房道镇万木林自然保护区沉水樟古树群等共 18 县(市、区)的 20 片古树群。而后面 4 个区域,由于自然气候条件恶劣,不太利于树木生长,植被主要以低矮的灌丛和草本植物为主。尽管如此,在长期的自然进化过程中,仍然有一些独特的树木适应恶劣气候条件而顽强存活下来,成为大自然的奇迹,例如,胡杨是干旱沙漠地区唯一能构成浩瀚森林的乔木树种。据说全世界 90% 的胡杨在中国,而中国 90% 的胡杨在新疆塔里木盆地。维吾尔族人给了胡杨一个最好听的名字——托克拉克,即"最美丽的树",并流传着一句话,叫作"三千年的胡杨":生而不死一千年,死而不倒一千年,倒而不朽一千年。这些呈现明显地域特色的古树或古树群,也直接或间接地形成了独具特色的地域文化。

9.2.1.2　以树定名，彰显城乡古树树种特色，形成特色城乡文化和景观风貌

当下我国很多市、县、镇、村以树定名，因古树而闻名。例如，江西省的樟树市，以其县城所在地樟树镇而得名，名称源于其盛产樟树。2012 年全市共有古树名木 610 株，其中樟树 411 株，占古树总量的 67%，"樟树市"之名当之无愧；吉林省榆树市，据《满洲地名考》记载：市街用土壁围绕，在土壁之上生长着繁茂的榆树，一眼望去如同森林，故此地得名为"榆树"；广西的桂林市，因古时盛产桂花树，桂树成林而得名；四川省攀枝花市，因盛产木棉而得名，木棉即为攀枝花。此外，还有很多城市虽然不以树直接命名，但其别称均源于当地代表性树木，如福建省就有很多以树为别称的城市：莆田市别称为"荔城"、泉州别称"刺桐城"、永泰县别称为"樟城"、泰宁县别称为"杉城"、闽清县别称为"梅城"等。这些树木不仅是当地的乡土树种，而且多是当地的优势种群。

此外，我国很多城市还会评选市树和市花，例如，北京的市树为槐树、侧柏，市花为月季、菊花；上海市花为白玉兰；重庆市花为山茶花；广州市花为木棉花等。无论是以植物命名城镇，还是评选市花市树，无不体现了中国人民热爱树木花草、热爱自然、尊重自然的思想。同时，这些树木也成为城市景观形象的金名片，彰显不同城市的古树文化魅力。

9.2.1.3　多元共生，彰显城乡古树文化内涵特色，塑造独特的城乡公共场所文化

调查研究表明：我国城乡人居环境中有古树分布的地方，如传统园林、宫殿、祭坛、庙宇、陵寝、风景区、村庄水口林或村中广场等，均是重要的活动场所，虽然随着时代变迁使用者有较大变化，但古树凝聚的文化精神却没有根本改变。远古先民的"树木崇拜"思想与我国本土的儒道释思想、陵寝文化、乡村社树习俗等相互交织、多元共生，体现了古树文化的复杂性和多样性。

①儒家思想中"以树喻人"　儒家天人合一的思想对自然中的山、石、树赋予人格化，加以升华、圣化，因而古树在儒家文化中是受到尊敬、得到保护的。相传孔子与弟子在讲坛旁栽植一株银杏，孔子认为银杏果实累累，寓意弟子布满天下。银杏树干直立挺拔，没有旁逸斜出的枝干，代表弟子们的正直品格。此外，杏树的杏仁既可食用，又可入药，寓意弟子们将来学业有成、报效社稷，因此，把讲坛取名为杏坛，杏树也成为儒学思想的一种象征。

②佛寺道观中的圣树　我国传统宗教文化与古树存在着深厚的渊源。无论是佛教的"佛门圣树"，还是道教的成仙长生思想，都映射在古树之上。相传"未先有寺而先有树"。寺观的选址与古树的存在有着密不可分的联系。寺观因古树而厚重，古树因寺观而不朽。寺观里往来信徒络绎不绝，却不乏行人驻足古树前系挂祈福丝带，倾诉心愿。相比堂内供奉的威严的神佛，古树是更为亲切的聆听者与传达者。例如，北京潭柘寺的"帝王树"以及"盘龙松""卧龙松"等多株古松，为千年古寺平添了沧桑气氛。

③陵寝树木选择的禁忌　在我国陵寝文化中，树木也赋予了一定的精神信仰。在陵寝树木的选择上存在着诸多制度与禁忌。例如，秦汉时期的《春秋纬》对天子、诸侯、大夫、士、庶人等不同阶层的人的坟墓规模与栽种植物类别有明确规定（前文已叙）。因此，后续帝王陵寝多保留这些松柏古树，如河北易县清西陵保存 16 000 余株古松，也是河北最大的古松林。

④乡村社树是社神栖息地的标志 传统村落中，古树往往是地方神或仙怪的象征，乡村中多有社树。《周礼》记载："二十五家为社，各树其土所宜木。今村墅间，多以大树为社树，盖此始也。"古代封土为社，各随其地所宜种植树木，称社树。人们在社树下进行祭祀、供奉，祈求风调雨顺、家和事兴。如今仍有许多村落保持着对社树的传统仪式，如赣南客家的社公树。在一些村落之中，苍劲挺拔的古树往往伴随着一个古老而神秘的传说，它是地方神话的"真实证据"，成为乡村的文化映射和精神寄托。

古树是我国悠久文化的重要承载者，它们在不同的文化中扮演着不同的角色，这些宫殿、祭坛、庙宇、陵寝、村庄水口林等有古树分布的地方，已成为城乡重要的公共活动中心或场所，也成为当代城乡旅游发展的着力点。

9.2.2 古树与城乡规划

9.2.2.1 国土空间规划视角下的城乡规划

(1) 城乡规划的目标

根据《中华人民共和国城乡规划法》，城乡规划作为国土空间规划的"多规"之一，是一项全局性、综合性、战略性的工作；是以促进城乡经济社会全面协调可持续发展为根本任务、促进土地科学使用为基础、促进人居环境根本改善为目的，涵盖城乡居民点的空间布局规划。

(2) 城乡规划中的古树保护

目前我国城乡规划体系中与古树保护相关的内容集中体现在城市绿地系统规划这一专项规划中，根据《城市绿地系统规划编制纲要（试行）》，第九章为古树名木保护，需要对古树名木数量、树种和生长状况等展开调查，并建立古树名木保护的相关制度等。

9.2.2.2 古树在城乡规划中的地位和作用

从古树的特征出发，可以将其在城乡环境中的地位和作用概括为以下 4 个方面：

(1) 特色树木种群的标志

根据我国古树的定义，每一株古树，至少在其环境中生存了百年以上，更有不少古树寿命达千年以上。因此，各地存活的古树对当地气候和土壤条件有很高的适应性，成为见证该区域适生树木种群的重要标志，是树种规划的最好依据。例如，北京市现有各级各类古树 40 527 株，古树树种主要集中在侧柏、油松、圆柏、槐等乡土树种，其中仅市树侧柏就占到了全市古树总量的 54%。北京寿命最长的古树"九搂十八杈"就是一株 3000 多年树龄的侧柏。故宫和中山公园均有几百株古侧柏和圆柏，说明它们是经受了历史考验的北京地区特色树木种群。南京 34 株一级古树中，银杏、圆柏和青檀 3 种树木数量最多，仅银杏的数量就有 15 株，接近总数的一半，说明这 3 种树是南京地区的特色树木种群。

(2) 特色种质资源的保存

古树是重要的植物物种资源，也是物种多样性和遗传多样性的体现。保护古树，也就保护了珍稀物种资源基因库，保护了生物多样性，其工作对研究自然史和今后培育栽培乡土树种、选育优良品种等都有其重要意义。因此，各地区在编制树种规划时务必进行古树调查，详细分析整理当地的古树种类、等级、长势、养护等基本情况，并在树种规划或植

图 9-1　江西婺源晓起村古树"神樟"
(吴祥艳 摄)

(3) 特色景观风貌的塑造

分布在全国各地的古树均为各地区经历了时间检验的最适宜树种,如果能够对其进行推广和保护,有助于塑造不同区域的特色植物景观,避免千城一面。此外,散布在各地区乡间、风景区、坛庙、历史园林、校园、社区等各类绿地中的古树,凭借其高大的体量、繁茂的枝叶、沧桑的树姿,无不成为各类绿地的主景,强化了当地植物景观的历史感和独特性。例如,我国著名的农业生态旅游示范村——江西婺源晓起村,这里的村民自古就有崇樟习俗,自发保护樟树,对古樟树更是敬若神明。一株位于下晓起村东北向小学校后面山坡上的千年古樟,成为其著名的旅游打卡地,这株古樟有 1570 年的历史,被村人尊为"神樟"。这棵需 6 人合抱的樟树神虽历经沧桑,依然青枝招摇,生机勃勃,而且树干仍为实心,每年都有很多游客慕名来参观这株"神樟"(图 9-1)。更有湖北"鄂西树海"游览区的"天下第一杉",该水杉有 500 多年树龄,高 35m,围径 7m,枝下高 3m,冠幅逾 20m。每年从阳春三月起,就披上一身绿纱,像一座翡翠伞塔,其古雅的姿态,深为旅游者所惊叹。著名的黄山"迎客松",称作黄山"四绝"之一,不但是黄山的标志性景观,也成为安徽省的象征之一,吸引了无数中外游客,对城市人文、经济发展起到了重大作用。

(4) 特色古树文化的传承

古树不仅是传统生态智慧的见证,更是各类传说、逸闻、典故、历史事件的重要载体,例如,前文中曾经介绍的山西洪洞县大槐树,据说是明朝大移民的见证;圆明园正觉寺的古柏树群,不仅是清代园林的重要遗存,更是晚清帝国主义侵略中国、火烧圆明园的明证;山东日照莒县定林寺的古银杏第一树,传说春秋时期鲁隐公与莒子曾在此树下会盟修好,等等。各地古树经历了千百年的历史变迁,叠加了多个历史时期的印记,犹如饱经沧桑的老者,整体形象更为生动。各地丰富的历史文化借古树得以传承,对今天的游客和居民具有重要的教育和文化传承作用。城市的发展,不仅要考虑保留原有的风貌特色,更要注重与居民的内在情感联系。保护古树,需要关注古树历史文化内涵的挖掘,唯如此,才能让历经沧桑巨变的古树依然傲立,让我们的乡土记忆不断延续。保护古树就是保留乡愁记忆载体,深化人文情怀。

古树保护不止于对前人的追忆,更重要的是学习与发展,考虑如何与当下社会生活相融合,考虑在保护的基础上如何传承与发扬,使古树成为周围人深入生活的一部分,成为一代代人的乡土记忆，成为城乡发展的契机与基石。

9.2.3 古树与城市树种规划

9.2.3.1 城市树种规划及其原则

所谓城市树种规划，就是通过调查研究，选择适应本地自然条件、同时能够满足城市绿化功能要求的树种，并做出全面适宜的安排策略。树种规划是城市绿地系统规划的重要组成部分。城市绿地建设的主要材料是树木，树种选择直接关系到城市绿地质量，包括树木的健康生长、景观效果形成以及综合功能的发挥等。除此之外，树种选择还关乎城市生物多样性保护、城市特色的塑造和城市绿化的养护管理。根据《城市绿地规划标准(GB/T 51346—2019)》，可总结出树种选择原则包括以下 4 个方面：

(1)尊重自然规律，以地带性树种为主

树种规划要因地制宜，坚持"适地适树"，以地带性植物和乡土树种为主。同时，为丰富城市植物多样性，也积极选用一些经过检验的外来树种和新优树种，有计划地引种驯化一些本土缺少、适合当地环境条件且经济、观赏价值较高的植物品种。要从生态性、经济性、景观性、多样性、近远期协调的角度综合考虑。

(2)充分考虑景观、生态多样性

树种选择要做到速生树种与慢生树种相结合，常绿树与落叶树相结合，以乔木为主，并做到乔木、灌木与草本植物结合。同时，根据地理气候特征、地域景观特色、园林绿化发展特点等因素确定不同树种比例，规划本地植物指数。应注重发挥我国植物种类多样性的优势，丰富城市植物种类，利于城市生态系统的稳定。

(3)确定城市绿化基调树种、骨干树种和一般树种

树种规划应根据城市特点，确定城市绿化基调树种、骨干树种和一般树种，并确定树种比例指标，提出市树、市花建议。市树、市花是城市形象的重要标志和城市名片，市树、市花的选择应体现城市植物景观特色和文化精神特点，选择观花、观叶、观形、观果等观赏价值高的植物，增加城市绿地景观效果。

(4)以人为本，满足城市园林绿化的多种综合功能要求

树种规划既要统筹兼顾城市景观、生态功能和经济效益，又要有所侧重，要结合城市性质和特点来考虑植物材料选择。因城市环境污染较为严重，土壤、空气环境差，应尽量选择抗性强的树种，即对酸、碱、旱、涝、烟尘、病虫害等有较强抗性的树种。除此之外，应根据城市地理和气候特征、园林绿化特点，分别提出公园绿地、防护绿地、道路绿地和庭院绿地等不同绿地应用类型的适用树种。

9.2.3.2 古树与树种规划

(1)古树与树种规划的关系

古树与树种规划是城市绿地系统规划编制的重要内容。早在 2002 年建设部颁发的《城市绿地系统规划编制纲要(试行)》中，就将树种规划和古树名木保护列为两个独立的章节进行研究论述，其中"树种规划"章节要求确定各级各类绿地中绿化植物的数量、种类与主要技术经济指标，"古树名木保护"章节要求阐述古树名木数量、树种与生长状况、保护策略等。虽然分列两章，但不能将其完全割裂开来，编制树种规划时尤其需要优先考虑当地古树名木的种类及其特色，并在各类绿地树种规划时加以利用，从而突出地方特色。

（2）树种规划中的古树策略

为了在树种规划中体现古树在生态环境、文化特色、景观特色、种质资源保存等方面的作用，从而更好地提高城市绿色空间质量，需要采取以下步骤和策略：

① 对现有古树树种资源进行详细调查研究　对规划范围内的古树资源进行详细调查，包括定性和定量两个方面。定性方面包括：古树的种类、立地位置、生态习性、观赏特性、健康状况、历史变迁、承载的历史故事、传说、名人逸事，与古树有关的艺术作品，诗歌或者绘画等；定量方面包括：树龄及活力、树木体量等方面。在此基础上，对乡土植物指数、物种丰富度指数、应用频率以及分布均匀程度进行定量分析和评价，为城市树种规划提供真实、可靠的数据材料。

② 对现有古树进行科学合理的保护和养护、复壮等，使之能够长久健康保存　古树资源无法复制，其承载的生态、历史、文化、景观、经济、科研等多种价值为其所属地独享，其他城乡区域无法获得古树所属地拥有的一切因古树带来的红利，因此，拥有古树资源的城乡区域应该在对古树充分调查的基础上，结合城乡规划对其进行精心保护和养护，使之继续健康成长，长久发挥作用。此外，古树保护不仅要保护古树本体，还要对其所处的环境进行保护，不要因为新的建设而对古树进行干扰和破坏。

③合理选择确定古树树种在各类树种规划中的数量和种植比例　古树树种经历了"适者生存，不适者淘汰"的自然演化考验，对当地气候环境具有高度适应性，同时也形成了不同地域的植物文化特征。大多数地区的现状植被由于长期破坏，已带有次生植被性质，而古树因其寿命长，能够反映该地区曾有过的顶级植被类型，由于对当地气候土壤等自然条件具有很高的适应性，古树甚至具备权威性的指示作用，对于树种规划具有重要的参考价值。因此，在树种规划时，应该着重根据各类绿地的功能特点，按照一定比例选用古树树种，一方面能够加强乡土树种的比例，另一方面可以增强绿地景观的可持续性，因为古树树种多为慢生树种，寿命长，便于形成稳定的景观效果。例如，甘肃省金昌市为典型的戈壁工业城市，气候属于温带干旱大陆性气候，降水少，为缺水型城市。金昌古树有侧柏、榆树、核桃等种类，在编制树种规划时，公园绿地、防护绿地等的基调树种优先选择了上述古树树种。

9.2.4　古树与生物多样性保护规划

9.2.4.1　生物多样性的含义

"生物多样性"是生物（动物、植物、微生物）与环境形成的生态复合体以及与此相关的各种生态过程的总和，包括生态系统、物种和基因三个层次（《中国生物多样性保护》白皮书，2021）。

生物多样性是维持生态系统平衡和生产力持续发展的重要条件，是人类社会赖以生存和发展的物质基础，是生物之间以及与其生存环境之间复杂的相互关系的体现，也是生物资源丰富多彩的标志。它提供各种与人类生存与生活水平、生活质量改善有关的功能与服务。保护生物多样性成为人类实现可持续发展过程中的首要任务。

9.2.4.2　生物多样性保护措施

植物是生态系统中的生产者，是自然生态系统得以维持的基础，城市生物多样性保护首先要科学合理地利用好植物资源。植物多样性保护需要采取以下措施：

①建立自然保护地体系，尽可能多地保护自然生态系统和野生生物　自然保护地是我国生物多样性最丰富的地方，是生物多样性保护的核心区域。这些区域在长期自然进化过程形成了稳定的生态系统、稳定的动植物种群，并具有稳定的遗传基因，对其进行重点保护，免遭人为活动的破坏，能够为人类更好保存一些独特野生物种、种群和生境，对生物多样性保护具有重要意义。

②在城乡园林建设中尽可能多地应用植物品种，充分利用植物中的变种、变型等植物材料　要达到生物多样性的目的，除了提倡乔灌草结合，常绿落叶兼顾，速生慢长共存，根据功能、生境类型选择植物种类，以及适地适树等基本原则之外，应重视植物在生态系统中所能发挥的功能，即能否为鸟类、昆虫、食草类动物等消费者提供食物，以维持生态系统的正常运行。

③保护和推广优良乡土树种　本地植物往往能体现本地景观特色，最适合本地生长条件，也比较容易达到景观的稳定性，形成稳定的人工植物群落。古树是长期检验的本地最优树种，需要得到广泛重视和大力使用。

④合理规划建设以动植物园为主体的各类公园绿地　选择特有、珍贵和有发展潜力的植物并与具有地方特色的人文景观合理配置，以保护原有的生态资源作为前提条件，设计有地方特色的以动植物园为主体的各类公园，作为生物多样性保护的基地，同时发挥生物多样性的科研和普及作用。

9.2.4.3　古树与生物多样性保护规划

目前我国城市绿化树种选择存在着区域特色不明显、不同城市之间植物同质化严重等问题，导致人工群落生物多样性减少、城市风貌特征不明确，给人"千城一面"的感觉。古树是一个特定区域经过自然、人文环境考验留存下来的珍贵植物资源，对当地特殊的自然环境具有高度适应性。同时，古树也蕴含着当地丰富而又独特的地域文化特征。因此，在进行城市生物多样性保护规划和树种规划时，需要对当地古树资源进行系统性调查，并结合当地的地域文化、习俗、社会发展环境进行科学合理的规划。例如，湖南省益阳市在进行植物多样性保护规划时，对当地的古树名木进行了详细的调研，统计出建成区范围内共有各类古树名木 126 株，隶属 12 科 12 属 12 种。其中樟树 73 株，占比 57.94%。树龄超过300 年的古树 2 株，树龄 200~300 年的有 14 株，树龄 100~200 年的有 110 株。其于此，益阳市在生物多样性保护规划中提出：坚持就地保护为主，迁地保护为辅的基本原则，重点保护益阳城市湿地、地带性森林植被、古树名木、珍稀濒危植物以及特殊价值的风景林地，同时丰富益阳市植物景观。规划主要包括植物多样性生境保护规划、层次保护规划、城市乡土植物开发与引种规划、珍稀濒危植物与古树名木保护规划 4 个方面，形成自然保护区、森林公园、风景名胜区、自然保护小区以及古树名木等构成的多层次的城市植物多样性保护网络系统，充分发挥植物多样性的生态和服务功能。

小　结

　　古树与人居环境关系密切，是人与自然和谐共处的历史见证，是绿色的文物。本章重点介绍人居环境中古树分布的影响因素，总结了古树与城乡文化的关系，并进一步探讨国土空间利用古树资源的策略和途径。

复习思考题

　　1. 人居环境中影响古树分布的因素有哪些？

　　2. 古树与城乡人居环境关系密切，有助于形成独特的城乡文化，具体体现在哪 3 个方面？

　　3. 古树在城乡规划中的地位和作用是什么？

　　4. 如何更好地将古树保护与城市树种规划相结合？

　　5. 如何利用古树保护促进生物多样性保护？

第10章

古树文化价值在城乡中的保护利用

本章提要

古树承载着悠久的历史和灿烂的文化。在城乡建设中，不少地方存在古树保护意识不强、重视力度薄弱、管护职责不明确、管护措施不科学等问题，使许多古树处于缺乏管护的状态，从而导致古树长势弱，甚至死亡，古树的综合价值也未得到充分利用。鉴于古树所承载的不可取代的文化价值，采取多种措施加强对古树的保护，同时加强古树文化价值的保护利用，为进一步制定和完善城乡古树管理制度、合理发挥古树的综合性功能和价值、可持续城乡发展提供参考。

10.1 古树文化价值利用的意义

10.1.1 发挥古树的综合功能和价值

古树是重要的自然景观和文化载体。除了植物本身所具有的生态价值和景观价值以外，古树还承载了丰富的历史文化价值、科研科普价值、养生保健价值和经济价值。对于古树进行合理保护利用，可以更好地发挥古树的综合价值。

10.1.2 传承地域文化

古树是传承地域文化的独特载体。古树见证历史事件，更易形成一种特定的历史氛围。例如，山东泰山历史源远流长，作为泰山历史重要的载体，古树的历史长度接近泰山人文历史的长度。按《史记》记载，"五大夫松"是由秦始皇登山的历史而来；据汉《郡国志》载，岱庙内的汉柏为汉武帝登封泰山时所植；"四槐树"，相传为唐代鲁国公程咬金登山休息时所植。由此可以看出，泰山古树可谓是泰山文化形成与演进的亲历者，泰山古树也就成为该地区文化的重要传播载体。

10.1.3 增加归属感和认同感

古树可以有效地串联起各种有代表性的历史文化,增加和丰富所在地区的乡土和历史认同。通过保护古树历史文化资源本身及周边环境,可以强化城市的文化及风貌特色,能让人们从中了解城市的历史,增加归属感和认同感。

10.2 古树保护的手段与措施

古树保护的主要手段一般包括:制定法律法规,制定技术规程和标准,加强公众宣传等。

10.2.1 相关法律法规与政策

相关法律政策与法规主要包括相关法律、行政法规及相关部门规章等方面的内容。

10.2.1.1 相关法律

法律是由全国人民代表大会和全国人民代表大会常务委员会制定,规定和调整国家和社会生活中某一方面带根本性社会关系的规范性文件,是特定范畴内的基本法。地方政府对古树保护的重视程度是影响当地古树保护法规建设的重要因素,成为推进我国古树保护的重要力量。

涉及古树保护的相关法律主要包括《中华人民共和国森林法》《中华人民共和国刑法》《中华人民共和国环境保护法》等。

《中华人民共和国森林法》第四十条规定"国家保护古树名木和珍贵树木。禁止破坏古树名木和珍贵树木及其生存的自然环境"。

《中华人民共和国刑法》第三百四十四条"危害国家重点植物罪"指出"违反国家规定,非法采伐、毁坏珍贵树木或者国家重点保护的其他植物的,或者非法收购、运输、加工、出售珍贵树木或者国家重点保护的其他植物及其制品的,处三年以下有期徒刑、拘役或者管制,并处罚金;情节严重的,处三年以上七年以下有期徒刑,并处罚金"。

《最高人民法院关于审理破坏森林资源刑事案件具体应用法律若干问题的司法解释》(法释〔2000〕36号)第一条规定:"刑法说的'珍贵树木',包括由省级以上林业主管部门或者其他部门确定的具有重大历史纪念意义、科学研究价值或者年代久远的古树名木"。

《中华人民共和国环境保护法》第二十九条规定:"国家在重点生态功能区、生态环境敏感区和脆弱区等区域划定生态保护红线,实行严格保护。各级人民政府对具有代表性的各种类型的自然生态系统区域,珍稀、濒危的野生动植物自然分布区域,重要的水源涵养区域,具有重大科学文化价值的地质构造、著名溶洞和化石分布区、冰川、火山、温泉等自然遗迹,以及人文遗迹、古树名木,应当采取措施予以保护,严禁破坏。"

10.2.1.2 相关行政法规

由于法律关于行政权力的规定常常比较原则、抽象,因而还需要由行政机关进一步具体化。行政法规就是对法律内容具体化的一种主要形式。涉及古树保护的相关行政法规主要包括《城市绿化条例》《村庄和集镇规划建设管理条例》《风景名胜区管理暂行条例》等。

《城市绿化条例》将古树名木定义为"百年以上树龄的树木，稀有、珍贵树木，具有历史价值或者重要纪念意义的树木"，并指出"对城市古树名木实行统一管理，分别养护。建立古树名木的档案和标志，划定保护范围，加强养护管理。因特殊需要迁移古树名木，必须经城市人民政府城市绿化行政主管部门审查同意，并报同级或者上级人民政府批准"。

《村庄和集镇规划建设管理条例》指出"任何单位和个人都有义务保护村庄、集镇内的文物古迹、古树名木和风景名胜、军事设施、防汛设施，以及国家邮电、通信、输变电、输油管道等设施，不得损坏。如有违反，依照有关法律、法规的规定处罚"。

《风景名胜区管理暂行条例》要求"对风景名胜区内的重要景物、文物古迹、古树名木，都应当进行调查、鉴定，并制定保护措施，组织实施"。

10.2.1.3　相关部门规章

部门规章是指国务院各组成部门以及具有行政管理职能的直属机构根据法律和国务院的行政法规、决定、命令，在本部门权限内按照规定程序制定的规范性文件的总称。涉及古树保护的相关部门规章主要包括《中共中央国务院关于加快推进生态文明建设的意见》《全国国土绿化规划纲要（2022—2030 年）》《全国绿化委员会关于加强保护古树名木工作的决定》《"十四五"乡村绿化美化行动方案》《城市古树名木保护管理办法》《国家级森林公园管理办法》等。

《中共中央国务院关于加快推进生态文明建设的意见》明确要求"对重要生态系统和物种资源实施强制性保护，保护珍稀濒危野生动植物、古树名木及自然生境"。

《全国国土绿化规划纲要（2022—2030 年）》指出"全面加强城乡绿化。加强古树名木保护管理，不得随意迁移砍伐大树老树"。

《全国绿化委员会关于加强保护古树名木工作的决定》要求"各级绿化委员会要加强对保护发展古树名木工作的统一领导、组织协调和督促检查。各级林业、园林等有关部门要分工负责，密切配合"。

《"十四五"乡村绿化美化行动方案》为保护乡村自然生态提出"严格保护古树名木及其自然生境，对古树名木实行挂牌保护，及时抢救复壮。到 2025 年，实现普查范围内乡村散生古树名木和古树群全面挂牌保护。严禁采挖移植天然大树、古树名木和法律法规禁止采挖的其他林木"。

《城市古树名木保护管理办法》对城市规划区内和风景名胜区古树名木保护管理工作的主管部门及工作职责、管理原则、管理和养护主体及权责、实施监督和法律责任等作了具体规定。

《国家级森林公园管理办法》要求"国家级森林公园经营管理机构应当建立健全解说系统，开辟展示场所，对古树名木和主要景观景物设置解说牌示，提供宣传品和解说服务，应用现代信息技术向公众介绍自然科普知识和社会历史文化知识"。

《城市紫线管理办法》明文禁止"占用或者破坏保护规划确定保留的园林绿地、河湖水系、道路和古树名木等"。

10.2.1.4 地方立法概况

在国家重视古树名木保护的大环境下，各地方政府也相继出台了专门的古树名木保护法规和规章，成为推进我国古树名木保护的重要力量。原则上大多包括"政府主导、属地管理、分级保护、社会参与、定期养护与日常养护相结合"等内容；法规和规章的内容包括古树的认定、管理、养护和法律责任等内容。近年来对破坏古树行为处罚的规定更加细化，处罚的力度整体有很大的提升，法规和规章对破坏古树行为的威慑力更强。

以北京市为例，从《北京市城市绿化条例》（1990）、《北京市古树名木保护管理条例》（1998）到全国第一部《古树名木评价标准》（2007），再到《古树名木日常养护管理规范》（2011）等地方标准，北京已形成健全的古树名木保护管理法规和技术标准体系，实现了有法可依、有章可循。

10.2.2 相关标准和技术规程

主要包括相关的评价标准和规范以及与风景园林行业密切相关的规划设计、工程建设、养护管理等方面的行业规范和技术规程。

10.2.2.1 相关评价标准和规范

为了科学鉴定与评估古树名木，进一步加强古树名木的管理与保护，国家和各地方政府相继出台了关于古树名木评价的相关标准和规范。

北京市《古树名木评价标准》（DB11/T 478—2007）是全国第一部古树评价标准，规定了古树名木的术语和定义、确认分级、生长势分级、生长环境分级、价值评价、损失评价。《古树名木鉴定规范》（LY/T 2737—2016），规定了古树名木的术语和定义、古树分级和名木范畴、古树现场鉴定、名木现场鉴定、古树名木现场鉴定技术要求等技术规定。《古树名木普查技术规范》（LY/T 2738—2016）规定了古树名木普查的术语和定义、总则、普查技术环节、普查前期准备、现场观测与调查、古树群现场观测与调查、内业整理、数据核查、录入与上报和资料存档等技术规定。

为对城市古树进行有效保护，国家出台的有关城市建设、管理等的方面的评价标准中，也涵盖了古树内容。《国家园林城市标准》在景观保护方面要求"城市古树名木保护管理法规健全，古树名木保护建档立卡，责任落实，措施有力"。《国家园林城市申报与评选管理办法》《公园城市评价标准 T/CHSLA 50008—2021》对城市风貌特色的评价标准都包含"古树名木及古树后续（备）资源保护率"，即"建成区内受到保护的古树名木及后备资源（棵）占建成区内古树名木及后备资源总量（棵）的百分比"。《城市园林绿化评价标准》（GB/T 5056.3—2010）第四章"将古树名木保护列入城市园林绿化评价项，评价包括古树名木的建档和存活两项内容"。《中国森林公园风景资源质量等级评定》对生物资源的评价包括"各种自然或人工栽植的森林、草原、草甸、古树名木、奇花异草等植物景观；野生或人工培育的动物及其他生物资源及景观"。《旅游景区质量等级评定与划分国家标准评定细则》中"资源和环境的保护"项要求"采取适合的保护措施，如防火、防盗、防捕杀、古建筑修缮、古树名木保护等"。《历史环境名城保护规划标准》（GB/T 50357—2018）专业术语中，将"反映历史风貌的古树名木"归于受保护的"历史环境要素"。古井、围墙、石阶、铺地、驳岸、古树名木等均为常见的历史环境要素，在保护规划编制中应加强调查、整理与保护。

10.2.2.2　其他规范和技术规程

(1) 规划设计类

涉及古树的城市建设规划设计规范，主要体现在风景名胜区、美丽乡村、历史文化名城的规划和城市公园、森林公园的设计中。

《风景名胜区总体规划标准》（GB/T 50298—2018）要求"对植物景观规划应维护原生种群和区系，保护古树名木和现有大树，培育地带性树种和特有植物群落"。《美丽乡村建设指南》（GB/T 32000—2015）要求"确定对古树名木等人文景观的保护与利用措施"。《历史文化名城保护规划规范》（GB 50357—2005）要求"历史文化名城保护的内容应包括：历史文化名城的格局和风貌；与历史文化密切相关的自然地貌、水系、风景名胜、古树名木；反映历史风貌的建筑群、街区、村镇；各级文物保护单位等"。

《公园设计规范》（GB 51192—2016）对古树名木保护范围和保护要求作了规定。同时指出"存在于建设基址内的古树名木，既是珍贵的活文物，又可成为园中的主要景点，应与有价值的文物同等对待，必须采取积极的措施为其健康生长创造条件，严禁砍伐和移植古树名木。《国家森林公园设计规范》（GB/T 51046—2014）对生物资源保护包括"对珍稀植物和古树名木，应根据各自特点，确定恢复和保护措施。"

(2) 工程建设类

《中华人民共和国工程建设标准强制性条文：城镇建设部分 2013 版》划定了古树名木保护范围，规定在保护范围内，不得损坏表土层和改变地表高程，除保护及加固设施外，不得设置建筑物、构筑物及架（埋）设备种过境管线，不得栽植缠绕古树名木的藤本植物；保护范围附近，不得设置造成古树名木处于阴影下的高大物体和排泄危及古树名木的有害水、气的设施。

《民用建筑设计统一标准》（GB 50352—2019）、《村庄景观环境工程技术规程》（CECS 285：2011）、《园林绿化工程项目规范》（GB 55014—2021）、《既有建筑绿色改造评价标准》（GB/T 51141—2015）规定应保护自然生态环境，并应对古树名木采取保护措施；应采取有效的工程技术措施和创造良好的生态环境，维护其正常生长。5m 范围为严禁兴建临时设施、堆放物料、挖坑取土。村庄公共设施或宅基地建设应避让古树名木保护范围；古树名木必须原地保留，就地保护，减少对场地及周边生态的改变。

《水土保持林工程设计规范》（GB/T 51097—2015）、《水源涵养林工程设计规范》（GB/T 50885—2013）、《农田防护林工程设计规范》（GB/T 50817—2013）、《用材竹林工程设计规范》（GB/T 50920—2013）要求营造林工程建设应结合生物多样性保护、水土保持、景观与游憩需求等因素，对古树名木、珍稀野生动植物、特殊景观等采取保护措施。

(3) 养护管理类

我国古树名木资源的养护和管理内容有多方面，主要包括：古树复壮、古树管护、病虫害防治、古树历史文化保护等。

为延长古树名木寿命，促进其养护和复壮，我国发布了《古树名木复壮技术规程》（LY/T 2494—2015），规定了古树名木复壮所包括的围栏保护、生长环境改良、有害生物管理、树腔防腐填充修补、树体支撑稳固及枝条清理等六项技术要求。《城市古树名木养护和复壮工程技术规范》（GB/T 51168—2016）对城市规划区和风景名胜区内古树名木的养护和复壮作出具体规定。

《古树名木管护技术规程》（LY/T 3073—2018）规范了古树名木养护技术、管理措施方面的技术要求。《古树名木防雷技术规范》（QX/T 231—2014）规定了古树名木防雷装置的设置、安装和维护等要求。

《市容环卫工程项目规范》（GB 55013—2021）提出不应对古树名木设置景观照明，且在其周边设置的景观照明设施不应对古树名木造成影响。

10.2.3　其他手段与措施

除了以上带有强制性的手段与措施之外，对于古树的保护，还可以通过加大社会宣传和引导、健全档案管理及动态监测等方法实施保护。

加大社会的宣传与引导。将古树保护与历史文化教育相结合，对古树的综合价值进行宣传，这对于古树保护、历史文化传承、增加居民认同感等具有促进作用。

10.3　古树利用的方式方法

古树在城市中的保护利用方式，主要包括古树公园、古树文化村、古树社区、古树街巷、古树博物馆等。其展示形式包括文创产品、古树化石、数字化信息利用、高科技多媒体展厅等。同时，还要不断探索古树价值利用的途径。

10.3.1　保护利用方式

（1）古树公园

古树公园是指以古树资源为主题，配以周边其他树木，经科学保护和适度建设，具有游憩、观赏、科普教育等功能的一种特殊公园类型。古树公园是对古树及其整体生境加以科学保护基础上并进行合理利用的一种形式，是保护古树资源、挖掘古树特色景观、延续历史文脉、弘扬生态文化的一种重要方式。

为了让古树"活"起来，各地在加大古树保护力度的同时，逐步探索古树保护利用创新模式，其中古树公园已成为古树保护的一种创新形式。2010年开始各地陆续开展古树公园的建设，如上海嘉定区安亭镇古树公园、浙江省杭州市上城区江城路古树公园、浙江省湖州市安吉古树公园（共7个，包括上墅乡董岭古树公园、报福镇上张村水口古树公园、递铺街道赤芝村汇龙古树公园、龙王村南天目古树公园、赋石村椿柏古树公园、杭河村古树公园、梅溪镇上舍村龙舞古树公园），浙江省宁波市茅镬村古树公园等。四川省成都市成华区，打造了成都市首个市级古树公园——熊猫红豆古树公园，园内共有4株红豆古树，其中，3株呈群状分布，1株为孤植，结合国际旅游度假区特色打造了以相思为主题的微型古树公园（图10-1）。北京市积极探索古树和生境整体保护模式，2021年试点建设20个古树主题公园。古树公园作为古树与生境整体保护利用的创新模式在国内已经逐渐展开，古树公园的建设让古树走出历史，融入公众的日常生活之中。

图 10-1　四川省成都市熊猫红豆古树公园（彭惊，2021）

（2）古树文化村

古树文化村是指保存古树丰富且具有历史价值或纪念意义的，能较完整地反映一些历史时期传统风貌和地方民族特色的村落。古树文化村的建立，可以增强村民归属感，加强村民对古树的了解及重视程度，科普宣传有关古树保护、森林生态等知识，同时发展生态旅游业，从而带动当地经济发展和乡村振兴。

湖北省罗田县三里畈镇錾字石村，因柿出名，也因柿而古老，还因柿名扬世界。罗田甜柿（錾字石甜柿）栽培历史悠长，南宋时期已普遍采纳良种嫁接繁殖技术。据考证，錾字石村嫁接甜柿所用的砧木有 3 个树种之多，现存最大的甜柿嫁接古树树龄达 483 年（罗田县政府网，2017）。100 年以上古树有 6000 多株，古甜柿树到处可见（图 10-2），村民依柿而居，依柿而息，房屋掩映在柿林中，人与自然相得益彰。

2021 年该村被中国园艺学会柿分会命为"中国甜柿古柿树村落"，确立为"古树文化村"，并对村进行了整体规划设计。设计以生态保护为前提，以地标优品规模化种植为基础，围绕甜柿，打造甜柿优品示范区项目、古甜柿保护区项目、古甜柿保护区环境整治项目。开展錾字石村老街建筑风貌整治，开展甜柿旅游公路沿线村湾环境整治和绿化景观提升，道路两侧建筑以现代荆楚派为风貌特色，沿路设置慢行道，种植甜柿树，凸显古柿树村落的主题特色。

图 10-2　湖北省罗田县三里畈镇錾字石村的古柿树（胡小军，2021）

（3）古树博物馆

古树博物馆是征集、典藏、陈列和研究古树的场所，博物馆是为社会服务的非营利性常设机构，它研究、收藏、保护、阐释和展示物质与非物质遗产（国际博物馆协会，2022）。古树博物馆是进行生态保护和森林资源保护科普教育的重要场所。

广东省东莞市观音山古树博物馆是观音山国家森林公园于 2004 年创办成立的非营利性的博物馆，也是全国首家以古树收藏为主的博物馆。馆内收藏了近年来出土的有研究和观赏价值的古树 50 余株，许多古树直径达 1m 以上，年轮超过 500 圈，可以想象原树的体量之大。古树树种既有热带、亚热带气候条件下特有的水松、青檀、格木等，也有反映我国南方气候冷暖变化的青皮、青冈等（图 10-3）。博物馆还专门设立了水松区，将 20 多株古代水松"栽种"在水池中。镇馆之宝是一株距今约 4500 年的古树，遗留下 300 多圈年轮，这棵古树在黄帝时期就已经生长在南粤大地。

图 10-3　广东省东莞市观音山古树博物馆的古树

古树博物馆成为人们提高环境保护意识，探知古环境古气候，以及推动科普教育的重要场所。这种方式使珍贵的古树资源得到科学保护与利用。

（4）古树社区

古树社区建设的目的是让古树与社区和谐共生，是对古树及其生长环境整体保护模式的探索。古树社区对古树本体和生境群落进行系统保护和监测，为科学保护古树群落、合理利用古树种质资源提供依据。设计原则上应维持古树适宜的生长环境，同时满足居民活动需求。

北京市海淀区八里庄街道世纪新景园小区是 2022 年北京首个"古树社区"，社区中绿地现存一处保存较为完好的墓地遗存古树群，在册古树 37 株，其中古柏 31 株，古松 6 株，均为树龄 200 年以上古树。古树在得到充分保护的前提下，其林下空间开辟成居民活动场所。针对古树景观区西高东低的地势，改造时将在古树景观区西北侧适度挖掘土方，形成缓坡形态的雨水花园，边缘栎树皮铺装，方便居民行走体验；没有水的时候是旱溪景观，降水较大时能积蓄雨洪，拦截冲刷风险，这样既保护了古树，也为居民营造出多样的居住区景观。

加强古树保护小区建设，丰富古树保护小区类型，可以使古树保护形式更加全面多样，让"活文物"焕发生机和活力。

（5）古树街巷

古树街巷通常是在城市的历史文化街区，因其中保存了大量的古树而著名。保护好这些数量有限的古树，使这些珍贵资源和历史文化得以传承尤为重要。

2021 年，北京核心城区两条老街整体提升并相继开街亮相。第一条位于西城区什刹海北岸，是北京最古老的斜街——鼓楼西大街，长约 1.7km 的斜街两边有古树 15 株，其中包括古槐 14 株，古榆 1 株；鼓楼西大街的提升包括古树与街巷氛围的融合、绿化景观提升、改善步道等。通过整体提升，不仅凸显了街巷的高品质休闲文化，还将古树与老街巷深厚的历史底蕴相融合，使古树街景与毗邻的什刹海风景区相呼应（图 10-4）。第二条位于东城区，是具有"银街"之称的东四南北大街，全长 2.74km，体现"京韵、大市"的主题定位，胡同生活体验和多元特色商业相结合，古树及其他行道树均在景观设计中保留（图 10-5）。两条街巷都有 700 多年的历史，承载着北京这座城市厚重的记忆，街巷中的一砖一瓦、一石一木都散发着古都韵味，充满着文化气息，续写着千年古都的繁华盛景和人文气象。

图 10-4　北京市西城区鼓楼西大街上的古树
（北京新闻微信公众号，2020-11-24）

图 10-5　北京市东城区东四南北大街上的古树
（匡峰，2021）

10.3.2　展示形式

为充分发挥古树的综合价值，从多角度了解古树文化，古树的展示形式越来越多元化和现代化。

（1）文创产品

文创产品依靠创意人的智慧、技能和天赋，借助于现代科技手段对古树资源进行创造与提升，它可以使古树具有的传统历史精神和文化内涵从实物中体现，帮助人们理解以及更好地传播文化。文创产品将古树价值形象化、概括化，传播不受地域限制，是一种有效的文化传播途径。

在保护古树的前提下，打造成文创产品。例如，挑选精美的树叶，保持树叶原有脉络，做成古树标本书签（图 10-6）；将古树形象进行抽象化演绎，打造独具特色的文化产品（图 10-7），促进古树与城市文化的交融。以北京故宫博物院为例，通过文物形式的借用、文化内涵的表达、文物故事的讲述三个方面，以文物资源为基础开发了大量的文物复印仿制性质的文化创意产品，已经形成了文化创意产业链。故宫也将古树资源通过不同形式宣传和传播，发起了民众参与古树文创商品设计等活动，让故宫的古树资源逐渐被大众熟知。

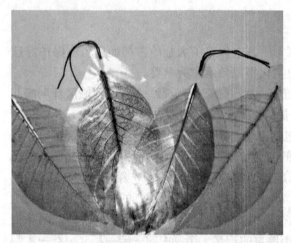

图 10-6　树叶书签（丽水市科技馆，科技馆重新开馆 DIY 树叶书签[N].潇湘晨报，2020-12）

图 10-7　古榕树项链

图 10-8　古树挂牌和二维码管理（谌思宇，2022）

（2）古树化石

古树化石在植物系统演化、植物地理和古环境演变的研究中起着至关重要的作用，在恢复古地理构造和古气候方面也扮演着重要角色，古生物化石在科研领域具有巨大的研究价值。博物馆或地质公园都是化石展示的载体，其主要功能是丰富大众的精神文化生活并起到一定的科普和教育功能。

（3）数字化信息利用

数字化信息利用是通过不同管理层面，建立面向广大群众开放的数字化信息系统，让社会各界参与，发掘身边的古树，共同发现、公共维护。古树地区可制作古树信息网站，完善古树二维码，引入知识链接网站，便于人们在娱乐的同时得到更多的科普和文化体验。大众还可以在网站上留言，增加互动性，实现全民参与古树保护行动。如发现古树出现病害，就可以通过扫描二维码，进入网页留言，林草部门能及时了解古树的健康情况，派专职人员采取相应解决措施；还可以上传相关的民俗活动、历史见证等文化内容，由网站管理人员整理记录，形成每一株古树的树史（图 10-8）。

（4）高科技多媒体展厅

高科技多媒体展厅是各类展馆发展的主要方向，依托于多媒体设备及数字化技术的展示手段。常用的展示手段有 VR、AR、环幕投影、互动投影、球幕投影、折幕、全息成像、虚拟驾驶、大屏幕拼接、电子沙盘、电子翻书、触控导览等，而这些展示手法需要专业的技术和创新的思想来共同实现。当高科技技术和文化内容融为一体，通过玩一个互动游戏，或者场景再现，来体会一段历史状态、感受历史人物内心世界，更能引起参观者的心灵共鸣，让人们清晰地感知文化和历史的力量，生发无限的自豪与自信。

河北省邯郸市复兴区园博园内，有一座以古树为主题的展馆，全馆按照"木直根深、林丰叶茂、森延枝荣、万物葱郁"的建馆理念，设置了"序厅、生态厅、人文厅、科技厅、尾厅"五大单元，对河北省 13 个市的古树概况及河北古树进行了精彩展示。"正定槐树""邯郸千年黄栌""承德天下第一奇松""邢台九龙柏""定州东坡双槐"等知名古树都通过科技互动的方式得以展现。奇特、古老、稀有、珍贵的古树以及燕赵历史文化得到集中展示，呈现了一幅"千载燕赵书青史，万株古树绘山河"的精彩画卷。展馆展现了古树与人类的概念与渊源，解读古树的人文与情怀，探索古树的保护与意义，给人以身临其境之感（图 10-9）。

图 10-9 河北邯郸园博园古树博物馆（毛屹楠，2022）

10.3.3 古树价值深度挖掘与利用的途径

通过对古树价值进行深度挖掘，利用各种途径进行扩展，能有效提升广大群众保护古树、爱护生态环境的意识，使广大群众自觉融入古树保护行动中，实现古树的有效保护，并使地区的历史文化得以传承。

10.3.3.1 营造氛围，开展户外自然教育

自然教育是指以自然环境为基础，以推动人与自然和谐为核心，以参与体验为主要方式，引导人们认知和欣赏自然，理解和认同自然，尊重并保护自然，最终达到实现人的自我发展，以及人与自然和谐共生目的的教育（国家林业和草原局政府网，2022）。古树具有较高的生态、景观、科研和历史文化等价值，对古树进行保护，并有效利用古树开展自然教育是发挥古树多种功能的重要形式。

通过古树开展自然教育不仅可以让公众了解、关注古树，引导公众关注身边的、乡土的、真实的自然环境，切身体会自身与自然的关系，促进自然环境的保护；此外，古树还可以让公众认识生命的力量，产生对生命的敬畏，从而自觉增强保护古树、爱护自然的意识。

除开展自然教育课程外，充分利用讲座、沙龙、古树图片展、建立古树保护志愿者等多种形式开展古树自然教育。同时，设计有关的宣传资料，如宣传册、宣传袋、古树标签等，开展多样化宣传。

10.3.3.2　发展古树文学，开展历史文化教育

作家梁衡在自己创作的《古树》一诗中这样说："在伐木者看来，一棵古树是一堆木材的存储；在科学家看来，一棵古树是一个气象数据库；在旅游者看来，一棵古树是一幅风景的画面，而在我看来，一棵古树就是一部历史教科书。"形象概括了古树是作为历史文化教育的重要载体。

除了通过与古树面对面进行古树历史文化教育以外，古树文学也是一种重要的形式。古树文学，记录人们对于古树的记忆与情感，能够引起人们的共鸣，是留住乡愁、历史文化教育的一种方式。例如，榕树作为福州市市树，是福州人民的乡愁，作家黄河浪创作的散文《故乡的榕树》，就是以榕树为载体寄托对故乡的思愁，受到了广泛关注。梁衡创作了融入中华民族历史与文化思想的中华古树系列文章，如《中华版图柏》《一棵怀抱炸弹的老樟树》《带伤的重阳木》《华表之木老银杏》《中国枣王》《死去活来七里槐》《燕山有棵沧桑树》……读者在阅读每一篇文章时，如同打开了一幅波澜壮阔的历史画卷，那些历史人物和历史故事，即进入读者的视野，尽情地在古树细密的年轮里倾听千百年来的中国历史故事。

因此可以请当地的作家、古树研究者、公众根据自己的生活经历，以记忆中的古树为主题进行创作，并收录成册，开展历史文化教育。

10.3.3.3　挖掘传说趣闻，增加古树的知名度和影响力

传说趣闻和历史故事能为古树增添光彩，可通过查找地方志、考古资料、询问有关人士等渠道获得。此外，鉴于传说趣闻知名度不高，还要加强宣传力度，采取宣传册、主题讲座等方式，增加流传度和对公众的吸引力。将古树趣谈逐渐演化为地区文化，使古树得以保护利用，地区的历史文化也得到传承和发展。

10.3.3.4　开发文化旅游产业，发挥古树多元价值

文化旅游产业是旅游发展到一定阶段的产物。把古树作为参观旅游的主题，同时引进古树旅游附产品，可以形成以古树为创意的文化旅游产品。鼓励社会创作具有古树地域特色的艺术作品，创意产品可以包含旅游附加产品(纪念品)，如针对某个区域，以古树为创意元素，创作印有古树及其介绍的书签、钥匙扣、折扇、剪纸等具有中国传统文化特征的产品，也可以开发现代意义的生活日用品，如古树造型的水杯、笔筒、花瓶等。

这种模式会为著名旅游区带来新的旅游热点，为尚待开发的旅游区提供新的思路和创意。

10.3.3.5　开发其他文化创意产品

除了报纸、图书等传统出版物外，还可以借助互联网媒介进行宣传。如微视频、公众号、博客等，这些形式应用于古树，可以将有关历史、传说故事进行演绎，既是有创意的开发模式，也是传播古树科学知识、宣传古树保护意义的重要而有效的手段。

此外，还可以通过开展绘画、摄影、"最美古树评选"等文化活动，增加公众对古树的参与度与关注度。例如，浙江省杭州市临安区指南村中每年进行的"红叶摄影节"，留下了

许多古树的摄影作品，这对于临安指南村村落形象的传播、古树深厚文化内涵的发展都有促进作用。拍摄有关古树的纪录片、宣传片和电影等，也是不错的创意开发模式。

小　结

古树作为不可再生的自然文化资源，其保护利用对于生态环境保护、历史文脉传承有重要意义。古树保护利用重点不仅旨在保护植株生长，同时也需要充分挖掘古树的价值，为解决古树保护与城镇化发展的冲突提供思路，凸显古树对城乡地区景观、文化、历史、生态与经济的重要作用。

本章通过对古树文化价值保护利用的意义和目标进行阐释，对古树资源保护利用的手段和措施进行合理、客观的评价，总结古树利用的形式，提出适宜于现代城乡古树文化价值深度挖掘利用的对策，为乡村振兴背景下乡土文化复兴、城乡生态环境建设提供思路。

复习思考题

1. 古树文化价值保护利用的意义是什么？
2. 古树的利用形式有哪些？
3. 探讨古树价值深度挖掘与利用的途径。
4. 你所在的城市里，有哪些古树？你知道其中的历史文化故事吗？

第 *11* 章

古树保护规划

本章提要

　　古树名木*保护管理应坚持全面保护、依法管理、科学养护的原则，切实加大保护力度，提高保护管理水平。充分发挥古树名木在传承历史文化、弘扬生态文明中的独特作用。本章从古树保护规划、古树公园设计等方面，讲述古树保护利用的基本工作内容。

11.1　古树保护规划

　　古树名木保护规划是由省（自治区、直辖市）、市、区（县）各级园林绿化或林业行政主管部门组织编制的一定时期、本行政区划范围内古树名木资源保护、管理和利用的未来发展总体部署，是园林绿化专项规划**（园林绿地系统规划）的重要组成部分；是指导古树名木保护工作有效开展的重要依据；是在依托科学翔实的古树资源调查数据基础上，依据法律法规、政策文件、标准规范，综合考虑古树价值、人才资源、资金来源等多项因素，提出本地区古树保护管理规划预期目标及愿景，明确保护内容、方法措施、资金需求、控制指标、组织实施等，对本地区古树保护和利用工作进行的专项规划。

11.1.1　编制古树名木保护规划的目的

　　编制古树名木保护规划是为了贯彻落实城乡总体规划要求。依据相关法律法规、政策文件、上位规划及标准规范，明确古树名木保护管理工作未来发展目标，因地制宜、一树一策，对区域古树保护利用制订具有系统性、科学性、可操作性的技术方案；提高古树名木养护管理水平，健全古树保护管理体系，加强人才队伍建设，有计划、有步骤地将古树

---

* 在我国古树保护规划设计的实际工作和相关法规中"古树"和"名木"往往同时出现，本章使用古树名木这一名称。
** 因为，我国城乡规划体系与古树保护相关的内容集中体现在城市绿地系统规划这一专项规划中。

名木保护管理工作分期实施，分类施策，是编制古树保护规划的根本目的。

古树名木保护规划是指导本行政区域内古树名木保护和利用工作有效开展的总体思路和重要依据。

编制古树名木保护规划是统筹区域古树资源，将古树名木在改善生态环境和彰显城市文化方面的综合价值落到实处的一项重要工作。以规划为引领，能够更好地贯彻执行相关法律法规对古树名木保护管理的要求，指导古树名木保护管理工作。

11.1.2　编制古树名木保护规划的意义

（1）有利于加强古树名木保护工作的系统性

编制古树名木保护规划对加强古树名木及其生境整体保护、城乡历史风貌保护、传承古树文化、厚植生态文明，实现城乡生态环境高质量发展具有重要意义。从分析本地区古树资源及保护利用管理现状入手，结合实地调研，科学构建古树名木保护规划体系，从保护内容、保护制度、组织落实、人才培养、科技支撑和文化推广等方面系统规划，有利于对规划期内古树名木保护的各项工作进行统筹安排。并与相关规划相衔接，谋划近期重点任务，以项目为引导，实现古树名木保护目标，提高古树名木保护管理水平。

（2）有利于提高古树名木保护工作的科学性

编制古树名木保护规划，需要应用信息化科技手段进行区域古树名木调查及各类信息和数据采集，全面了解本地区古树资源的分布及生长状况，系统梳理古树名木资源保护利用和管理现状，精准盘点古树资源数量及其分布、分级、树种、保护、利用、管理、养护等各类信息，查找问题并总结经验，做到有的放矢，实现古树名木保护的精细化管理，科学、有效指导古树名木保护工作。

（3）有利于继承和发扬区域古树名木文化性

古树名木是一个区域自然地理、人文历史的见证，是这个区域的文化瑰宝和活的文物，是一笔文化遗产，活的化石，是自然和先人遗留下来的宝贵财富和重要的自然资产。城乡的古树名木作为宝贵而稀缺的生态资源与珍贵的"活文物"，不仅为良好的生态环境作出巨大贡献，也见证了本区深厚而悠久的历史，传承着地域文化。科学编制古树名木保护规划，有利于挖掘古树名木的历史文化内涵，传承区域历史文脉，守护一方绿色记忆，留住千丝万缕乡愁，保留地方特色风貌，提升城乡文化品质。

（4）有利于发挥古树名木资源的多元化价值

古树名木是宝贵的自然财富，具有历史文化价值、景观价值、生态价值、科研科普价值、养生保健价值、经济价值等，既有生物学价值，又具有活的社会学价值。保护好古树名木能够发挥好这些综合价值。加强古树的保护对我国生物资源和历史遗产保护具有双重意义。编制古树名木保护规划，需要根据区域社会经济发展状况，统筹本地区自然文化资源及基础设施条件，衔接区域总体规划、旅游规划、绿地系统规划、产业发展规划等相关规划，重点研究在做好保护工作的同时，探索古树名木合理利用创新模式。只有将古树名木在改善生态环境和彰显城乡文化方面的价值落到实处，才能充分发挥古树的综合价值，让古树资源得到永续利用，给当地带来生态效益、社会效益和经济效益。

11.1.3　编制古树名木保护规划的原则

(1) 保护优先、合理利用

古树名木是不可再生的稀缺资源，在充分掌握古树资源的基础上，全面依法落实并开展古树与生境整体保护。保护与利用要统筹兼顾，在保护的基础上，结合区域自然及人文资源、社会经济条件，合理利用古树资源。

(2) 因地制宜、分类施策

综合考虑古树名木长势、等级等情况，因地制宜，将区域古树名木分为优先保护、重点保护、常规保护3个保护等级，每个保护等级对应不同的保护管理要求，制定"一树一策"的精细化保护管理策略，对于不同类别的古树采用适宜的养护措施，最大限度发挥古树的综合价值。

(3) 挖掘历史、延续文脉

深入挖掘古树名木历史文化底蕴，查找古树相关的历史文献、故事传说，梳理古树相关的文化脉络，最大限度发挥古树的历史文化及文学艺术价值，延续当地历史文脉。

(4) 整体保护、突出重点

根据现状条件扩大古树保护范围，将古树周边特色历史建筑、风貌街道、绿色空间作为整体加以保护。划分古树保护类别，对濒危与衰弱古树抢救复壮，优先保护一级古树或位于重要区位、珍稀树种或具有重要纪念意义的重点古树，制定具有针对性的保护和利用措施。

(5) 创新模式、分步实施

选择特色鲜明的古树，探索古树保护和利用模式，统筹古树保护利用、历史文化传承、科研科普教育、文学艺术传播等内容，建设古树保护模式示范点，发挥古树在生态保护、科学研究、科普教育、文化传承、游憩休闲等方面的综合价值。近远期相结合，全面进行区域古树保护利用规划，以年度和项目为单位分期分批实施古树保护利用工作。

11.1.4　编制古树名木保护规划的基本程序

编制古树名木保护规划的基本程序包括内业与外业，主要包含资料收集与分析、现场踏查与调研、问卷调查与座谈、古树保护规划编制与评审等几个阶段。

(1) 资料收集与分析

收集包括相关上位规划、古树资源现状、保护管理现状、存在问题等资料，并进行分析与研判，列出其他所需资料及下一步调研提纲，为后续工作及规划编制奠定基础。

(2) 现场踏查与调研

结合调研提纲，展开现场调研，详细了解古树的数量、等级、树种、长势、空间分布等资源状况，管护主体、管护水平、保护力度、利用程度等综合管理现状，并分析存在问题及取得的经验。

(3) 问卷调查与座谈

如需要进一步了解重点古树保护和利用的一些具体问题和措施，可以针对部门管理者、古树管护者及普通老百姓展开问卷调查。根据问卷调查情况，分析不同层级的管理需求和游客及民众需求。

（4）古树保护规划编制

依据相关政策法规及上位规划等背景要求，明确规划的目标及定位，根据现状分析及规划管理需求，明确保护利用策略与格局，确定保护与管理的基本内容，进一步突出需优先保护与重点管理的古树对象，探索古树保护利用模式，并明确实施保障策略及分期建设规划、绘制相关图纸和表格，编制完成古树保护规划评审稿。

（5）古树保护规划评审

根据部门管理需要，进行专家论证和评审，并根据专家意见进行修改完善，完成古树保护规划。

11.1.5　编制古树名木保护规划的主要内容

古树名木保护规划一般以行政区域为单位编制，包括省（自治区、直辖市）、市、区（县）3 级。不同级别的行政区，古树名木保护规划的侧重点有所不同。相同级别但历史及风貌特点不同的区域，古树名木保护规划的内容也有所区别。

编制古树名木保护规划，要依据法律法规和上位规划，从现状分析入手，通过开展古树资源调查，以问题为导向，发现问题，在规划中提出解决问题方法；结合已经取得经验及管理需求，构建区域古树名木保护体系；从保护内容、保护制度、科技支撑和文化推广等方面提出策略，对规划期内古树名木保护的各项工作进行统筹安排；谋划实施近期重点任务，指导开展古树名木保护管理工作。具体的编制内容如下：

（1）前言

简述本行政区域古树名木保护的背景、目的、意义、需求和主要内容。

（2）规划背景与规划意义

解读分析国家发展背景、行政区域规划发展背景、战略定位、阶段建设需求等方面情况，阐述编制古树名木保护规划的背景、目的及意义。

（3）规划总则及规划思路

根据古树名木保护规划的范围、期限、原则、依据、目标、定位等方面，确定规划总则、目标定位和规划思路、规划框架。

（4）古树名木保护现状

从本行政区划范围概况、古树资源数量、等级、树种、长势、空间分布、保护管理、存在问题、主要经验等方面，分析总结古树名木保护和管理现状。重点从资源底数现状及数据库建设水平、管理意识和能力、管护技术及专业水平等方面阐述存在的主要问题及取得的经验，为编制古树保护规划提供科学依据。

（5）古树名木保护格局规划

根据区域古树名木资源分布特点及区域总体规划、绿地系统规划、文物保护规划、旅游规划等相关上位规划，根据不同级别、不同类型的古树分布特点，确定区域古树名木保护规划的整体格局，并分别明确其保护与管理策略。

（6）全面保护与基础管理规划

全面保护与基础管理规划主要体现古树保护的全面性、基础性和普遍性，将古树管理部门面向古树保护的常规性、基础性和系统性工作全部涵盖进来。包括定期进行古树资源清查，夯实基础，落实古树名木日常保护责任及措施；依法依规，加大古树名木资源保护力度；完善古树名木保护管理体系；衔接上位规划及相关规划，统筹协调城市功能；弘扬文化，挖掘古树名木历史文化内涵等，进行全面保护与基础管理工作。

（7）优先保护与重点管理规划

在古树保护管理工作中，根据古树的级别、种类、历史价值、文化景观特性以及所处的位置，一般将古树划分为珍稀古树、重点古树和一般古树；根据古树的健康状况不同，分为濒危古树、衰弱古树、一般古树。因为每株古树的特点不同，所以在保护工作中要有针对性地确定保护和利用措施。要率先开展濒危古树和衰弱古树的抢救与复壮，重点保护千年古树、珍稀树种的古树、重要地区的重点古树以及具有历史意义和纪念意义的古树名木。优先保护与重点管理规划主要从划定保护等级、分类分级施策、研究制定优先保护对象、古树抢救复壮方案等几个方面进行。

（8）古树保护利用及模式规划

古树是不可多得且无法复制的自然文化遗产，所以要在保护中应用。在古树保护利用规划中应按照保护优先、合理利用、因地制宜、经济可行的基本原则，着眼于古树及生境的整体保护，依托古树资源因地制宜扩大绿色空间，深入挖掘文化价值，统筹生态保护、科学研究、科普教育、文化传承、游憩休闲等综合功能，并与公园绿地建设、街巷整治、美丽乡村建设等相结合，达到古树资源永续利用的目的。

例如，首都绿化委员会办公室召开 2021 年古树名木保护管理工作会议提出，要统筹协调古树名木保护与地方经济社会发展，结合各区实际，积极探索古树主题公园、古树保护小区、古树街巷等古树保护模式，加强古树名木及其生长环境整体保护。探索"古树本体+古树生境"的整体保护新模式，系统全面地改善古树的生存环境及生长状况。

（9）规划实施与保障策略规划

任何规划的实施离不开组织、政策、资金、人才等一系列保障，所以实施保障规划也是古树保护规划的一项重要内容。主要是根据近期规划的主要目标和任务，从顶层设计、组织领导、资金渠道、部门协调、人才队伍建设、落实保护、监督考核等方面，依法依规落实古树名木保护规划的各项要求，从而完善管理制度及运行机制，提高古树名木保护管理的规范化、科学化和精细化水平。为有序落实古树保护规划各项任务，开展濒危及衰弱古树抢救复壮工作，强化古树周边环境整治等任务的实施提供有效保障。

（10）附图及附表

主要指各类现状调查表、规划图册及实施计划表，包括古树名木资源统计表、主要树种分布统计表、古树名木长势情况统计表、濒危与衰弱古树统计表、各类古树资源分布图、保护规划图、实施项目清单等。

11.1.6　案例分析

古树名木保护功在当代、利在千秋，在保护管理实际工作中，应坚持"保护优先、合理利用；因地制宜、分类施策；依法管理、科学养护；整体保护、突出重点"的原则，加大保护力度，提高保护管理水平，激发全社会保护古树名木的热情，充分发挥古树名木在传承历史文化、弘扬生态文明中的独特作用。下面以某行政区古树名木保护规划为例，说明古树名木保护规划的主要内容。

××市(区)古树名木保护规划(2021—2035 年)

本规划从区域古树资源的现状出发，响应生态文明发展理念，将古树名木保护在改善生态环境和彰显城市文化方面的作用落到实处，突出在古树名木保护管理工作中的前瞻性、战略性、科学性与可操作性。通过建立古树名木资源保护管理的长效机制，全面提高本地区古树名木保护管理水平，与区域发展战略定位相匹配。对规划期内古树名木保护的各项工作进行统筹安排，从加大古树名木资源保护力度、完善古树名木保护管理体系、落实古树名木日常保护措施、统筹协调城市功能、挖掘古树名木历史文化内涵方面提出全面保护举措；利用划定保护等级、分类分级施策、制定抢救复壮专项行动、重点古树特别保护等方法制定重点保护与管理规划；并与其他专项规划相协同，探索古树公园等古树保护利用模式，谋划近期重点任务，以项目为抓手实现古树名木保护高质量发展。以下仅为主要内容提纲。

前　言

第一章　规划背景与规划总则

一、规划背景与规划意义

(一)践行生态文明与科学绿化高质量发展理念

(二)服务"四个中心"战略定位大局

(三)"十四五"规划时期本地区发展需要

(四)规划编制的重要意义

二、规划总则

(一)规划范围

(二)规划期限

(三)规划原则

(四)规划依据

(五)规划目标

(六)规划框架

第二章　古树名木保护现状分析

一、区域概况

二、古树资源概况

(一)区域资源概况

(二)古树群及散生古树概况

三、保护管理概况及存在的主要问题

(一)养护主体多样，保护意识及整体水平参差不齐

(二)资源底数及数据库建设有待进一步完善

(三)监管巡查力度及横向协作有待加强

(四)古树保护技术措施及专业水平有待提升

(五)古树复壮欠账多，现有资金投入短时期内难以满足要求

(六)保护宣传力度及全民保护意识有待提高

第三章　总体保护格局

一、保护格局原则

二、保护格局规划

（一）一轴——沿主街及延长线分布的古树序列

（二）三片——三片大型古树群落

（三）多点——分布于重要文化节点和景观节点的散生古树

（四）其他——全区其他区域散生古树名木

第四章　全面保护与基础管理

一、摸清家底，加大古树名木资源保护力度

（一）全面摸清古树名木及后备资源底数

（二）加强古树台账信息及档案管理

（三）核查现有古树挂牌情况

（四）研究探索古树名木主动发现机制

（五）研究制订本地区名木资源零突破工作方案

二、强化法制，完善古树名木保护管理体系

（一）梳理规范性文件，明确古树名木保护依据

（二）厘清部门职责，依法落实保护责任

（三）制定资金使用方案，强化专项资金监管

三、夯实基础，落实古树名木日常保护措施

（一）严格履行监管职责，确保养护单位职责到位

（二）加强一线养护人员专业技能培训，提高科学规范养护水平

（三）研究社会化养护模式，探索有效的制度安排

四、衔接上位及相关规划，统筹协调城市功能

（一）落实上位及相关总体层面规划

（二）衔接各层面控规详规

（三）统筹协调城市功能

五、弘扬文化，挖掘古树名木历史文化内涵

（一）高度重视古树名木历史文化挖掘工作

（二）积极推进古树名木文创与文化活动

（三）系统制订古树保护宣传方案

第五章　突出优先保护与重点管理

一、划定保护等级，分类分级施策

（一）划定保护等级

（二）分类分级施策

二、研究制订全区优先保护等级、古树抢救复壮行动方案

（一）系统谋划，制定抢救复壮专项行动

（二）加强具有重要意义古树的特别保护

第六章　探索古树保护利用新模式

一、古树主题公园

11.2　古树公园设计

11.2.1　古树公园的意义

(1)古树公园是古树及整体生境保护利用的形式

古树公园是对古树及其整体生境加以科学保护并进行合理利用的一种形式。古树的生长离不开特定的生境，为了更好地保护古树本体，需要将古树连同其生境整体保护起来，并在保护的基础上，赋予其一定的休闲、游憩、科普、健身等公园功能。其主要目的是保护好古树，同时以古树为景观核心，以古树相关自然及历史文化为主题，开展各类公园活动。满足人们欣赏古树、了解古树、感知古树相关人文历史及文化艺术、休闲游憩等活动需求。

(2)古树公园是让古树活化利用的重要途径

古树公园的建设是让古树"活"起来的重要途径。依托古树而建设的公园，能让大众不仅近距离感受和欣赏古树苍劲、坚毅、优雅、如伞如盖的风貌和神韵，还能通过古树公园的展览展示，对古树相关自然、历史文化、文学艺术等方面进行系统介绍，让公众能够更系统、全面地了解古树相关自然、历史、文化知识，从而使古树文化得到广泛传播和发扬传承。

(3)古树公园能够提高公众保护古树资源的意识

古树公园通过健全的组织、精细的管理、科学的措施，对古树进行全方位的实施监控和保护管理，并适时进行科学施策，从而更好地保护古树。通过古树公园这一形式，进行古树和生境整体保护及利用、宣传教育，焕发古树生机、彰显古树魅力，全面提高公众保护古树资源的意识。

(4)古树公园能够行之有效地发挥古树综合价值

相较于古树的个体保护，古树公园将古树和生境整体保护利用，不仅能将古树进行全方位、无盲区保护，同时古树公园能以其丰富的形式承载多种休闲游憩及科普功能，更能全面发挥古树的生态及科研价值、景观及旅游价值、历史及文化价值、文学及艺术价值等价值，从而更好地发挥古树的综合价值。

11.2.2　古树公园设计概要

11.2.2.1　古树公园设计特点

古树公园相对一般公园，有以下特点：

（1）公园必须依托古树而建

古树或者古树群是历史文化遗产，是已经存在的特殊景观元素，因此古树公园的设计和建设，都是依托现有古树资源，并整合其他自然、社会、人文资源，是古树与其生境整体保护建设的一种建设模式。

（2）古树风貌是公园的核心

在古树公园设计中，古树这一稀缺的生态资源永远都是景观核心、文化核心，以其突出的主导地位而统领全园。其他一切内容的设计都应围绕这一核心展开。

（3）古树保护是公园的基础

在古树公园设计中，古树保护和复壮是最根本的出发点和基础。古树公园设计的第一要务是对古树或古树群进行科学体检、复壮和保护。

（4）古树文化是公园的灵魂

讲好古树故事，传承古树文化，是古树公园设计的灵魂和意义所在。

11.2.2.2 古树公园设计程序

古树公园的设计包括前期准备、方案设计、初步设计、施工图设计以及施工配合几个阶段。

（1）设计准备阶段

开始设计之前应认真观察分析建设条件，研判古树生长状况、景观风貌、资源条件及区域发展等综合条件。包括解读任务书，收集现状资料及相关上位规划，进行现场踏查及调研，分析用地性质及建设条件，了解地形、气候、水文、土壤等立地条件。古树相关自然、地理、历史、文化、艺术、科研、社会、经济等资料是收集和研判的重点。根据资料研判和现场踏查，分析总结出古树公园建设的背景需求、必要性及意义，并归纳梳理出古树公园建设的有利和不利因素，为开展古树公园设计奠定基础。

（2）方案设计阶段

在设计准备工作的基础上，确定古树公园设计定位、目标愿景、设计依据、理念原则、结构布局等总体思路；通过竖向设计、园路及场地设计、种植设计、标识系统设计、主要景点设计、服务配套设计等的表达与呈现，完成方案设计。

（3）初步设计及施工图设计

初步设计及施工图设计是设计方案的进一步图纸表达。施工图是古树公园工程施工的最终依据，包括图纸目录及设计说明、总平面图、放线图、竖向图、道路系统图、种植设计图、给排水设计图、电气设计图、标识及服务设施分布图、索引图、各类详图等。

（4）施工配合及变更设计

良好的设计需要过硬的施工团队及设计人员到位的施工配合。施工期间，设计人员应多到施工现场，及时发现和解决施工中遇到的问题，做好设计变更，保证良好的设计意图得到充分实现。

11.2.2.3 古树公园设计原则

（1）因地制宜、合理布局

古树的生长环境是由多种元素构成的，包括古树以及周边各类环境条件。充分了解现状条件，系统整合并统筹场地资源，合理规划和布局，是古树公园设计的基本原则。

（2）保护为主、措施得当

古树主题公园设计应以树木保护为核心，在保护和改善古树生长环境的前提下，合理设计保护和使用复壮措施。古树生长具有悠久历史，一些古树长势存在不同程度的衰弱，易出现干枝、中空、病虫害等问题。在公园设计时，首先应对古树进行复壮和保护，以避免人为破坏，然后再进行各类基础和服务设施的设置。

（3）生态优先、尊重自然

古树是古树公园生态系统及环境的主角，在进行古树公园绿化设计时应遵循生态学相生和相克的法则，进行植物生态及景观设计。

（4）文化为魂、突出特色

古树文化是古树公园的精髓和灵魂，挖掘和展示古树文化是古树公园设计时的重点。设计时应充分挖掘与古树有关的历史文化内涵，并运用适当的小品及标识设施等形式进行展示，突出古树公园文化及景观特色，更好地传承历史文脉。

11.2.2.4　古树公园设计要点

古树公园设计需要以该地区的相关上位规划为引领，以古树和生境整体保护这一模式作为总体思路，围绕"让古树活起来"这一出发点，以古树保护作为落脚点，以科学复壮作为着力点，以科普展示及休闲互动作为关键点，从资源因借、扩绿护树、诊断复壮、绿化美化、基础及服务设施建设等几个方面进行设计。

（1）统筹资源、巧于因借

依托古树遗产及其文化特色，统筹周边山水林田湖草沙等自然资源、历史人文及旅游资源，巧于因借，进行古树公园设计。远可借翠绿山峦高楼大厦，近可借古堡城墙绿树繁花，仰可借蓝天白云霞光万道，俯可借池水涟漪落英缤纷。

（2）扩大范围、有效保护

根据古树生长环境和设施条件，在满足古树名木管理条例的基础上，扩大古树生长空间，并采取适当措施加以防护。

（3）科学诊断、精准复壮

利用科技手段对古树树体进行详细探测，对土壤环境进行科学检测，通过系统精准的复壮措施，恢复古树勃勃生机。

（4）讲好故事、满足需求

根据古树所处的地理位置、地域交通及综合发展条件，结合古树的环境条件、知名度、美誉度等综合条件，完善道路场地等基础设施，适当设置休闲、科普等服务设施；挖掘古树历史，讲好古树故事，打造地方历史文化名片。

（5）生态绿化、环境美化

利用乡土特色植物，丰富植物多样性，突出古树景观风貌，提升古树周边生态及景观效果。

11.2.2.5　古树公园设计内容

古树公园设计应对功能分区及景区划分、地形布局、园路系统、种植设计、建筑及小品设施、工程管线等做出总体设计及详细设计。

(1)功能分区及景区布局

根据古树公园的区位、规模，特别是古树等资源分布情况，结合功能需求确定各功能区的位置及规模，可根据公园内古树及其他资源特点和设计立意布局景区、景点。

(2)竖向设计

结合现状地形因地制宜进行竖向设计，在满足古树保护与利用、景观塑造、空间组织、雨水控制利用等功能要求的条件下，合理确定场地的高程，尽量少动土方，并尽量实现园内土方平衡。

(3)园路系统与铺装场地

根据公园的区位、古树资源的分布规模、分区内容、管理需求及周边市政道路和环境设施条件，合理确定古树公园道路系统的路线和分类分级、公园主次出入口的位置与规模、铺装场地的位置、大小及形式。

(4)建筑及小品设施

根据古树公园内古树的整体风貌、功能及景观要求，因地制宜确定园林建筑及小品设施的位置、体量、风格、色彩、材质和空间关系，满足古树公园主题科普、游览引导、文化展示、休息服务、公园管理等功能需求。

(5)种植设计

根据当地气候条件、公园外部环境特征、公园内部立地条件、古树分布及生长状况、古树风貌特征、古树相生相克条件，结合植物多样性、景观构思、主题及功能要求、当地居民游赏习惯等，进行古树公园的种植设计，与古树相辅相成，形成鲜明的植物景观特色。

(6)给排水及电气设施

根据古树保护、公园运营及管理需求，合理设置公园内水、电、通信等设施设备，沿主要园路布置管线，以便于维修维护；电气、给排水、通信工程的配套设施等宜设在隐蔽处。

(7)古树保护及复壮

在古树公园建设之初，要先对古树进行保护和复壮，根据古树具体情况通常包括根系探测及古树监测、树体修复及支撑加固、古树围栏及栈道、土质检测及土壤改良、复壮及通气、避雷塔安装等工程内容。

11.2.3　古树公园案例——北京古柏公园

下面以北京古柏公园为例，简述古树公园设计方法。

11.2.3.1　项目概况

项目地处雾灵山脚下，属于北京市密云区新城子镇。公园总面积约321亩，场地中央有两株古柏，1号古柏(民间称为"九搂十八杈")高25m，主干周长9.3m，树龄3000年以上，是北京现存树龄最长的古树之一。2号古柏在1号古柏西南侧30m处，同为一级古树。

S312省道从古树东南侧经过，树干距离道路的东侧挡土墙较近，因此古树生存空间受限，根系受损，导致古柏有几枝主权已枯死，古树呈逐渐衰弱之势。

用地内有少量游憩基础设施，具有较好的山林背景，具备建设古树公园的自然及社会条件。

11.2.3.2 设计原则

(1)保护优先，维护区域生态平衡

通过围栏保护、土壤改良、古树复壮、恢复绿化等措施，对千年古柏进行保护，维护区域生态平衡及生物多样性，保护区域环境。

(2)生态节约，合理利用现状条件

对原有植物进行保护和有效利用，运用生态环保、经济节约的理念，处理好现状利用和改造提升的关系，实现人与自然和谐统一。

(3)持续发展，统筹周边各类资源

以古树保护为核心，通过资源统筹设计，合理划分景观功能空间，丰富古树公园景观风貌，实现古树公园可持续发展。

(4)突出特色，带动区域综合发展

依托区域古树资源，挖掘古树相关文化，以"三千年天棚古柏，佑百姓万世安康"为主题和理念，突出项目"柏"文化特色，带动区域旅游发展及美丽乡村建设，从而促进区域综合发展。

11.2.3.3 设计思路

通过改道扩绿、整合资源、科学诊断、改土复壮、完善功能、讲好故事等措施，保证古柏基本生长空间，恢复千年古柏勃勃生机。依托古柏遗产及其文化影响，整合周边绿地资源，丰富植物多样性，完善基础设施，提升以"天棚古柏"为主要特色的景观风貌，打造镇级主题公园，成为京郊旅游最老古树打卡地。并以古柏公园为抓手，创建新城子镇域16株古树文化旅游线路，形成当地休闲旅游的特色名片。

11.2.3.4 目标策略

(1)改道扩绿，古树复壮

通过 S312 省道改线，扩大绿地面积，为古柏提供足够的生长空间。再结合一系列保护复壮措施，恢复古树生机。

(2)整合绿地，完善功能

以古柏为核心，结合现状植物，利用园路及地形增设栈道亭廊等景观构筑物，合理划分功能分区及集散空间，设置多个景观节点。

(3)丰富层次，精野结合

通过对现状植被进行改造提升，以精野结合的方式，丰富植物群落结构及植物多样性，提升林地生态效益及景观效果。

(4)挖掘文化，讲好故事

挖掘与古柏相关的历史和传统文化，结合基础服务设施，塑造古树文化产品，讲好古柏故事。

11.2.3.5　结构布局

古柏公园总体结构布局为"一核六区十节点"。

(1)一个古柏保护核心

根据古树保护条例划定古柏保护范围，并设置围栏对游人进行限制。

(2)六个功能区

整合现有绿地资源，将古树公园划分为核心保护区、古树文化游览区、森林休闲区、山林游览区、滨水休闲区、科研实验区六大功能分区(图11-1)。

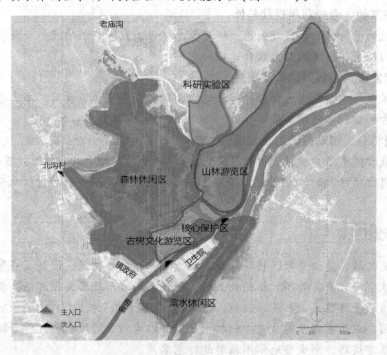

图11-1　北京古柏公园功能分区图

(3)十个景观节点

围绕一核六区设计十个景观节点，分别为双柏纳福、高台问古、红色记忆、虬枝晓日、长城怀古、石屏远眺、烟霞漫坡、柏影寻芳、花溪闻莺、安河叠瀑(图11-2)。

图11-3、图11-4是北京古柏公园建成照片。

11.2.3.6　主要建设内容

本项目主要建设内容包括古树保护及复壮工程、古树环境绿化及美化工程、基础及服务设施工程三大类。

(1)古树保护及复壮工程

根据古树具体情况，实施包括根系探测及古树监测、树体修复及加固、古树围栏及栈道、土质检测及土壤改良、复壮及通气、避雷塔安装等工程内容。

(2)古树环境绿化及美化工程

该工程包括土石方及地形整理、平整场地、绿化种植等工程内容。

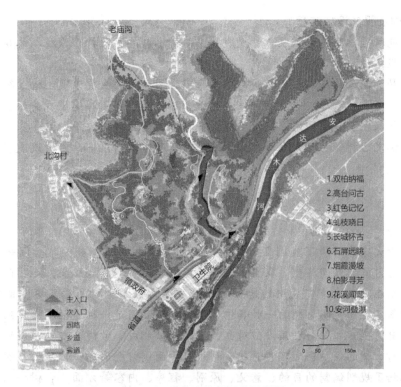

图 11-2 北京古柏公园总平面图

图 11-3 北京古柏公园（高帆 摄）

图 11-4 北京古柏公园（高帆 摄）

(3)基础及服务设施工程

该工程包括园路及场地铺装、景观照明、给排水、导览及标识设施、休息座凳、亭廊等文化休闲服务设施。

北京古柏公园设计，以古树保护为核心、以古树风貌为主要景观元素，统筹当地生态自然、社会经济、历史人文等资源条件，并结合环境建设、旅游建设、美丽乡村建设等项目，通过科学保护、合理利用，突出古树景观特色、讲好古树故事，完善基础设施及配套服务设施，满足古树保护及大众对于古树文化科普及休闲需求，让古树焕发勃勃生机，造福人民。

小　结

党的二十大报告明确了我国新时代生态文明建设的战略任务，总基调是推动绿色发展，促进人与自然的和谐共生。在生态文明建设和我国"全面保护古树名木"的背景下，古树保护与利用在我国城市发展中的地位越来越重要。保护古树是生态环境建设的一种方式，是贯彻落实生态文明思想的一种具体体现；古树利用是一种途径，其目的在于传承我国悠久的历史文化。保护与利用看似对立，实则相辅相成。古树名木保护规划讲述了如何从宏观层面对古树的保护、管理、养护、利用等方面制订全面的、依法的、科学的、合理的规划。包括了规划编制的目的、意义、原则、程序、内容等方面。古树公园设计讲述了如何从中观层面对古树个体或群体，进行整体生境保护、活化利用、价值发挥的一种方式。主要包括了古树公园设计的特点、程序、原则、要点、内容等，并通过北京古柏公园的设计方案进行了具体的分析。

复习思考题

1. 古树名木保护规划通常是由什么部门组织编制？需要与哪些部门协同？

2. 编制古树名木保护规划需要收集哪些方面的资料？如何进行研判？

3. 做好古树名木保护规划要注意哪些问题？关键点是什么？

4. 为什么说古树公园是古树和生境整体保护利用的一种形式？古树和生境整体保护和利用还有其他哪些形式？

5. 在进行古树公园设计前，应该先做哪些工作？

6. 古树公园设计的原则是什么？如何才能发挥古树的综合价值？

7. 举一个经典案例，说明如何解决古树保护利用与城市发展的关系。

参考文献

[明]计成(撰),倪泰一(译注),2017. 园冶[M]. 重庆:重庆出版社.

[明]文震亨(撰),胡天寿(译注),2017. 长物志[M]. 重庆:重庆出版社.

《北京市古树名木保护管理条例》(2019年修订). 北京市第十五届人民代表大会常务委员会修正,1998年8月1日起施行.

潘谷西,2015. 中国建筑史[M]. 北京:中国建筑工业出版社.

彭刚,徐帅,2017. 罗田甜柿"百团大战"正式开启[EB/OL]. 罗田县政府门户网站,2017-10-11.

彭惊,2021. 成都首个市级古树公园来了[N]. 成都商报红星新闻官方账号,2021-02-26.

秦似,1981. 文笔精华[M]. 南宁:广西人民出版社.

[战国]屈原,2002. 楚辞[M]. 北京:中国华侨出版社.

《城市古树名木保护管理办法》(建城〔2000〕192号). 中华人民共和国建设部制定,2000年9月1日起施行.

《城市古树名木养护和复壮工程技术规范》GB/T 51168—2016.

《城市绿化条例》(2017年修订). 中华人民共和国国务院修订,1992年8月1日起施行.

《中华人民共和国森林法》(2019年修订). 全国人民代表大会常务委员会第十五次会议修订,2020年7月1日起施行.

平舆县史志编纂委员会,1995. 平舆县志[M]. 郑州:中州古籍出版社.

安建雄,李柏园,2016. 鸡足山古树高山栲[J]. 国土绿化(8):42.

北京市园林科学研究所,2012. 公园古树名木[M]. 北京:中国建筑工业出版社.

北京市园林绿化局,2014. 北京古树名木散记[M]. 北京:北京燕山出版社.

北京市园林绿化局,2008. 见证古都·北京古树名木[M]. 北京:长城出版社.

北京新闻,北京最老斜街年底前完成"微更新"[N]. 北京新闻微信公众号,2020-11-23.

陈喜波,2020. "铜帮铁底北运河"留下多少美丽的故事[EB/OL]. https://baijiahao.baidu.com/s? id=1655420206335788770&wfr=spider&for=pc.

陈晓,2010. 北京市古树多样性研究[J]. 科学技术与工程,10(27):1671-1815.

陈重明,陈迎晖,2001. 《南方草木状》一书中的民族植物学[J]. 中国野生植物资源(6):19-20.

谌思宇,乌当区检察院:全力保护古树名木,熠熠检徽守住乡愁[N]. 贵州日报天眼新闻,2022-06-06.

邓华(云潇),2011. 树说历史功在千秋——记广东观音山国家森林公园古树博物馆[J]. 江门文艺(15):90-91.

邓绍基,史铁良,1992. 唐诗三百首[M]. 大连:大连出版社.

丁宁. 2015. 西方美术史[M]. 北京:北京大学出版社.

董锦熠,胡军和,金晨钟,等,2021. 我国古树资源的生存现状评估及威胁因素分析[J]. 应用生态学报,32(10):3707-3714.

丰子恺,2010. 丰子恺散文精选[M]. 武汉:长江文艺出版社.

冯广平,包璞,赵建成,等,2012. 北京皇家园林树木文化图考[M]. 北京:科学出版社.

弗朗西斯·凯莉,2016. 树的艺术史[M]. 厦门:鹭江出版社.

中国古今绿色诗词选编委会,1999. 中国古今绿色诗词选[M]. 北京:中国林业出版社.

古开弼,2002. 中华民族的树木图腾与树木崇拜[J]. 农业考古(1):136-153.

关传友,2006. 中国植柳史与柳文化[J]. 北京林业大学学报(社会科学版),5(4):8-15.

郭风平,安鲁,任耀飞,等,2010. 中国古代陵寝树木文化整理研究[J]. 北京林业大学学报(社会科学版），9（3）：1-6.

郭静宜，2021.《诗经》中植物的文化意义研究[J]. 新纪实（9）：16-18.

国家林业局，2003. 中国树木奇观[M]. 北京：中国林业出版社.

国家林业局，2017. 古树名木鉴定规范（LY/T 2737—2016）.

洪惠镇，2006. 中西绘画比较：中西美术比较十书[M]. 石家庄：河北美术出版社.

洪再新，2000. 中国美术史[M]. 杭州：中国美术学院出版社.

胡楠，2019. 北京皇家园林植物种类考证及植物造景研究[D]. 北京：北京林业大学.

胡小军，2021. 罗田鏊字石甜柿成乡村振兴"致富果"[N]. 荆楚网，2021-10-29.

黄丹丹，2010.《诗经》中的植物及其文化解读[D]. 兰州：西北师范大学.

黄力，靳程，周礼华，等，2021. 人类聚居地的古树：分布格局、驱动因素与保护实践[J]. 广西植物，
　　41（10）：1665-1673.

贾祥云，戚海峰，乔敏，2014. 山东古树名木志[M]. 上海：上海科学技术出版社.

靳士英，靳朴，刘淑婷，2011.《南方草木状》作者、版本与学术贡献的研究[J]. 广州中医药大学学报，
　　28（3）：306-310.

沐言非，2013. 诗经[M]. 北京：中国华侨出版社.

匡峰，2021. 北京东四南北大街完成慢行整治提升[N]. 北京日报客户端，2021-10-26.

李后强，2022. 蜀道奇观"翠云廊"：古柏苍颜处处景[J]. 四川省情，250（12）：50-51.

李莉，2004. 中国松柏文化初论[J]. 北京林业大学学报（社会科学版）（1）：16-21.

李青松，2016. 中华人文古树[M]. 北京：中国林业出版社.

李树华，2005. 中国盆景文化史[M]. 北京：中国林业出版社.

李永文，2020. 故宫博物院文创产品设计创新路径探析[J]. 艺术与设计（理论），2（8）：95-97.

李约瑟，2006. 中国科学技术史第6卷生物学及相关技术第1分册[M]. 北京：科学出版社.

丽水市科技馆，科技馆重新开馆DIY树叶书签[N]. 潇湘晨报，2020-12-29.

梁衡，2018. 树梢上的中国[M]. 北京：外文出版社.

梁衡，2021. 人文森林散文[M]. 天津：天津教育出版社.

辽宁古生物博物馆，辽宁古植物化石特展[EB/OL]. 辽宁古生物博物馆官网，2013-5-12.

林昆仑，雍怡，自然教育的起源、概念与实践[EB/OL]. 国家林业和草原局政府网，2022-03-04.

刘为力，2008. 古树文化与环境艺术设计[D]. 长沙：湖南大学.

刘子舆，2020. 俄罗斯巡回画派风景画研究[J]. 油画，2（17）：107.

罗桂环，1997. 古代一部重要的生物学著作——《毛诗草木鸟兽虫鱼疏》[J]. 古今农业（2）：31-36.

罗思琦，等，2011. 广州从化市风水林分类及保护[J]. 西南林业大学学报，31（6）：25-30.

梅墨生，2001. 山水画述要[M]. 北京：北京图书馆出版社.

梅艳，林海，雷福民，2005. 试析古树名木崇拜及其生态意义——以浙江山区为例[J]. 生态经济（9）：
　　109-111.

[清]纳兰性德，2010. 纳兰词[M]. 北京：北京燕山出版社.

全国绿化委员会办公室，2007. 中华古树名木（上、下册）[M]. 北京：中国大地出版社.

任讷，卢前，1995. 元曲三百首[M]. 南宁：广西人民出版社.

阮仪三，林林，2003. 文化遗产保护的原真性原则[J]. 同济大学学报（社会科学版），14（2）：1-5.

沈姝华，2014. 9500岁的古树仍在生长[J]. 南国博览（3）：60.

施海，1995. 北京郊区古树名木志[M]. 北京：中国林业出版社.

施海，2021. 你不知道的树木文化[EB/OL]. 北京市园林绿化局官网.

施宇轩，张雨嘉，吴悦，等，2021.《诗经》中的植物[J]. 汉字文化（23）：59-62.

首都绿化委员会办公室，2021. 北京市古树名木保护规划（2021—2035）[R].

舒迎澜，1993. 古代花卉[M]. 北京：农业出版社.

苏祖荣，2014. 古树名木的类型划分与价值评价[J]. 林业勘察设计（福建）（2）：42-46.

王碧云，兰思仁，2016. 古树名木价值评价研究综述[J]. 林业建设，189（3）：42-47.

王枫，秦仲，陈幸良，2021. 古树名木保护地方立法评析与建议[J]. 资源开发与市场，37（1）：51-55.

王海亭，2021. 文化自信视域下云南古树茶文化的复兴[J]. 西南林业大学学报（社会科学），5（5）：54-58.

王浩，2018. 北京名人故居古树的价值探讨[J]. 美与时代（城市版），759（7）：116-117.

王希群，马履一，郭保香，2004. 水杉发现过程的系统研究[J]. 北京林业大学学报（社会科学版），3（1）：22-28.

王晓晖，关文彬，2011. 英国古树名木资源分类[J]. 企业导报（4）：249-250.

王筱云，1999. 宋词三百首[M]. 大连：大连出版社.

王馨，2007. 山海经[M]. 北京：中国戏剧出版社.

王振东，2005. 黄山迎客松的保护管理及延续[J]. 徽州社会科学（1）：61-63.

魏胜林，2016. 园林文化遗产保护——以苏州园林古树名木保护为例[M]. 苏州：苏州大学出版社.

吴安格，林广思，2017. 新加坡园林绿化政策法规及经验借鉴[J]. 中国园林（2）：78-81.

吴焕忠，蔡墒，2010. 古树价值计量评价的研究[J]. 林业建设，151（1）：31-35.

吴良镛，2001. 人居环境科学导论[M]. 北京：中国建筑工业出版社.

夏纬瑛，1958. 管子地员篇校释[M]. 北京：中华书局.

萧立，2013. 天地的见证——著名古树绘画大师齐友昌先生作品观感[J]. 艺术中国（9）：50-57.

谢凤阳，1990. 中华古树大观[M]. 长沙：湖南科学技术出版社.

谢新年，谢五民，左艇，2005. 吴其浚及其《植物名实图考》对植物学的贡献[J]. 河南中医学院学报（6）：74-75.

徐刚，2017. 大森林[M]. 北京：北京十月文艺出版社.

徐炜，2005. 古树名木价值评估标准的探讨[J]. 华南热带农业大学学报（1）：66-69.

杨静怡，马履一，贾忠奎，2010. 古都北京的古树概述[J]. 北方园艺（13）：110-113.

杨茼，2012.《毛诗草木鸟兽虫鱼疏》研究[D]. 昆明：云南大学.

杨朔，2004. 杨朔散文选集[M]. 天津：百花文艺出版社.

杨韫嘉，王晓辉，乐也，等，2014. 古树名木价值等级的评估研究[J]. 中国农学通报，30（10）：28-34.

殷双喜，1998. 世纪转折——从写实到具象——谈中国当代油画[J]. 湖北美术学院学报（1）：22-26.

张宝贵，1997. 北京的古银杏[J]. 森林与人类（3）：45.

张宝贵，1997. 北京的古槐[J]. 百科知识（5）：54.

张登本，孙理军，汪丹，2010.《神农本草经》的学术贡献——《神农本草经》研究述评之三[J]. 中华中医药学刊，28（6）：1130-1134.

张建林，2022. 什么是"博物馆"？新定义来了[N]. 新京报，2022-08-24.

张锦林，2004. 贵州古树名木[M]. 贵阳：贵州科技出版社.

张葵，2012. 北派名家山水画树法[M]. 天津：天津杨柳青画社.

张驭寰，2015. 中国城池史[M]. 北京：中国友谊出版公司.

赵力，2019. 中国画鉴赏[M]. 北京：高等教育出版社.

赵亚洲，韩红岩，戴全胜，等，2015. 北京颐和园古树替代树与后备树选择与培养[J]. 中国园林（11）：78-81.

赵振宇，杨泽，周修腾，等，2020.《山海经》中植物分类与分布[J]. 中国现代中药，22（1）：123-127.

浙江省林业局，2020. 保护古树 留住乡愁 助力新时代乡村振兴[J]. 国土绿化（2）：35-37.

甄志亚，1997. 中国医学史[M]. 上海：上海科学技术出版社.

中国社科院语言研究所词典编辑室，2016. 现代汉语词典[M]. 7版. 北京：商务印书馆.

中华人民共和国建设部，2000. 城市古树名木保护管理办法（建城〔2000〕192号）.

周维权，2018. 中国古典园林史[M]. 北京：清华大学出版社.

周振甫，2020. 诗经译注[M]. 北京：中华书局.

邹嫦，康秀琴，罗开文，2017. 广西北海市古树名木资源特征分析[J]. 林业资源管理(3)：128-132.

朱祖希，2021. 营城——巨匠神工[M]. 北京：北京出版社.

纵华肖，2009. 皇藏峪：淮北平原仅存的千年古树群[J]. 森林与人类(9)：90-91.

Chen Bixia, Liang Luohui, 2019. Old-Growth Trees in Homesteads on the Ryukyu Archipelago, Japan：Uses, management, and Conservation[J]. Small-Scale Forestry(19)：39-56.

F. E. WIELGOLASKI, 1978. Tree ecology and preservation[J]. Urban Ecology, 4(3)：248-249.

HUANG H L, 2018. Old Trees as Memory-Keepers in Taiwanese Children's Books：Nostalgia as a Search for the Meanings of Change[J]. Children's Literature in Education.

C Y J, 1994. Evaluation and preservation of champion trees in urban Hong kong[J]. Arboricultural Journal, 18 (1)：25-51.

WOODLAND TRUST, 2008. Ancient tree guide no. 4：What are ancient, veteran and other trees of special interest? [J]. Practical Guidance, 2-5.

WOODLAND TRUST, 2009. Ancient Tree Guide no. 7：Antricent trees for the future[J]. Practical Guidance, 2-12.

推荐阅读书目

1. 北京古树名木散记．北京市园林绿化局．北京燕山出版社，2014.
2. 北京古树神韵．牛有成，赵凤桐，吕顺．中国林业出版社，2008.
3. 北京郊区古树名木志．施海．中国林业出版社，1995.
4. 北京市古树名木保护管理条例．北京市人民代表大会常务委员会，1998.
5. 见证古都：北京古树名木．北京市园林绿化局．长城出版社，2008.
6. 城市古树名木保护管理办法（建城〔2000〕192号），2000.
7. 城市绿化条例．中华人民共和国国务院，2017.
8. 大森林．徐刚．北京十月文艺出版社，2017.
9. 公园设计规范（GB 51192—2016）．中国建筑工业出版社，2016.
10. 古树保护理论与技术．赵忠．科学出版社，2021.
11. 古树奇木．陈策．广东科技出版社，2008.
12. 梁衡人文森林散文．梁衡．天津教育出版社，2021.
13. 生命之树．靳之林．广西师范大学出版社，2002.
14. 树梢上的中国．梁衡．商务印书馆，2018.
15. 树之声．阿南史代（日）．北京三联书店出版社，2007.
16. 相信自然．李青松．黄山书社出版社，2021.
17. 相拥古树六十载：保护复壮开拓者的实践与人生．丛生．天津大学出版社，2019.
18. 园林树木栽培与养护．李建新，王秀荣．中国农业大学出版社，2020.
19. 中国古树．中央广播电视总台．江西美术出版社，2020.
20. 中国古树名木（济南卷）．王大为，赵兵，孔凡达．江苏凤凰科学技术出版社，2021.
21. 中国树木奇观．国家林业局．中国林业出版社，2003.
22. 中华古树大观．谢凤阳．湖南科学技术出版社，1990.

彩图 1　北京北海公园"遮荫侯"（油松）
（付军　摄）

彩图 2　北京北海公园"白袍将军"（白皮松）
（付军　摄）

彩图 3　北京天坛公园"九龙柏"
（任红忠　摄）

彩图 4　北京地坛公园古树（圆柏）
（付军　摄）

彩图5 北京大觉寺千年银杏（付军 摄）

彩图6 北京法海寺白皮松（付军 摄）

彩图7 北京龙泉寺"神柏"（付军 摄）

彩图8 山东曲阜孔庙宋银杏（路伟 摄）

彩图9 北京孔庙"触奸柏"（任红忠 摄）

彩图10 北京孔庙罗汉柏（付军 摄）

彩图 11　山东曲阜孔林古柏
（路伟　摄）

彩图 12　辽宁沈阳东陵公园古榆（1）
（付杰　摄）

彩图 13　辽宁沈阳东陵公园古榆（2）
（付江波　摄）

彩图 14　四川省古树名木标识牌
（李宇　摄）

彩图 15　浙江省古树名木标识牌
（王欣　摄）

彩图 16　《古树归鸦》
（著名艺术家齐白石纪念网站）

彩图 17　孔子手植桧
（路伟　摄）

彩图 18　《草原雄姿》
（齐友昌　作）

彩图 19　《欧阳修手植梅》
（齐友昌　作）

彩图 20　《葑泾访古图》
（明·董其昌　作）

彩图 21　《古树归鸦》
（明·蓝瑛　作）（上海书画出版社编，2021）

彩图 22　《蒙特枫丹的回忆》
（［法］柯罗　作）（柯罗，2004）

彩图 23　《造船用材林》
（［俄］伊凡·伊凡诺维奇·希施金　作）

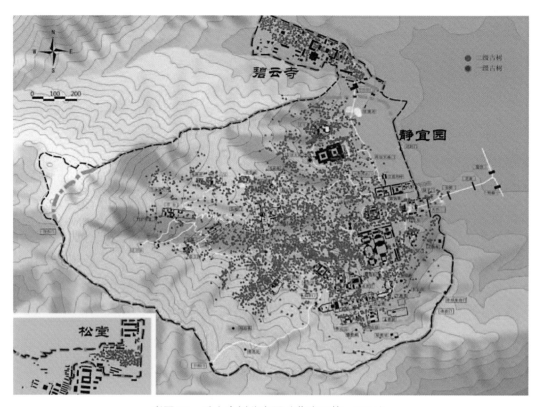

彩图24 香山古树分布图（薛晓飞等，2014）

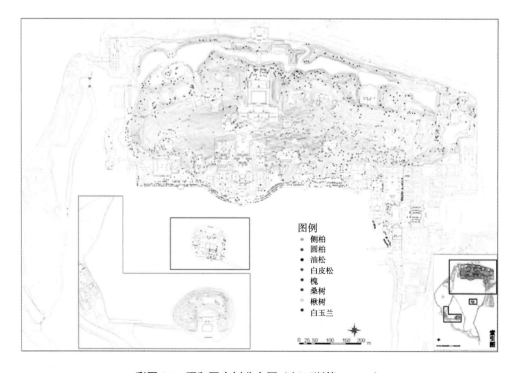

彩图25 颐和园古树分布图（赵亚洲等，2015）

七里古槐
亲历人文大事年表

千年名槐树身 360° 风皮展开书。兴盛、兴衰、动乱、伤痕，逶迤起伏，如河川经地。历史留存在这树皮的皱褶里……

[唐]
756 年
"安史之乱"

[唐]
759 年
杜甫过树下写
《三吏》《三别》

[抗日]
1938 年 11 月
刘少奇过树下，
去中共豫西特委讲
《论共产党员修养》

[抗日]
1940 年
国共合作，
朱德、彭德怀
过树下与卫立煌
协商抗日事

[民国]
1915 年 9 月
陇海铁路
向西修到观音堂。
老槐树第一次听到
火车叫声

[民国]
1921 年 11 月
李大钊派罗章龙
来组织陇海铁路工人
大罢工

[民国]
1924 年 7 月
鲁迅到西安讲学，
在树下车，
改乘船走黄河水道

[民国]
1927 年 7 月
冯玉祥在树下讲演，
发誓要扫荡黑暗。
现有碑记

[民国]
1929 年
河南大旱，
树下人吃人

[民国]
1942 年
大灾。
树人相食。
美国《时代》发稿
死亡人数 300 万

[民国]
1944 年 5 月 25 日
"卢氏惨案"。
日军在树下强奸女生
及军队女眷 500 多人，
屠杀难民

[民国]
1938 年
蒋介石在花园口
炸开黄河

["文革"]
1968 年
刘少奇在开封
因禁而死

["文革"]
1975 年
邓小平第一次复出，
"四人帮"在树下
拍"批邓"电影(反击)

["文革"]
1976 年
打倒"四人帮"，
老槐吐新枝

彩图 26　河南三门峡 "七里古槐" 树身 360° 展开图（梁衡）

彩图 27　墨西哥的墨西哥落羽杉

彩图 28　南非的猴面包树

彩图 29　南非的桑兰猴面包"酒吧树"

彩图 30　美国的"吊灯树"（北美红杉）

彩图 31　双桧平远图
（元·吴镇　作）